前言
PREFACE

## 若终将走入迷雾，请携一盏明灯

随着移动互联网和智能手机红利接近天花板，中国科技产业的这一波“直道高速竞争”接近尾声。无论大公司还是创业者，都在探索新技术和新机会。

我们预测，中国乃至全球科技产业将进入一个2～5年的“分水岭”过渡期。这里面将没有明确的先行者指引，没有可以循规蹈矩的路标和方向。一切都充满了未知的可能性，同时也遍布陷阱。

对大公司而言，未来2～5年的分水岭，将会决定在下一波竞争中，你的起跑位置是靠前还是靠后，甚至，你可能会失去参赛的机会。

对于创业者而言，这场不期而遇的剧变，可能是碾碎你创业梦想的杀手，也可能是你超越大公司、成为新领军者的机会。

但实际上，我们坚信，没有什么是未知的，它们只是被暂时隐藏了。

因此，不论你是大公司的中高级管理者，还是创业者和行业人士，我们都向你推荐这本书。

本书由腾讯科技·企鹅智酷联合互联网行业领袖智囊，融合全平台数据、资源和智力发布，用10多万字的篇幅，输出对中国科技产业未来的系统分析、趋势判断和数据洞察。

当你必然要走进一场迷雾，我们希望，为你提供一盏藏于心里的明灯。

**报告联合出品团队及数据：**

A. 大数据：腾讯内外部高价值大数据。

B. 外部核心专家：科技领域的顶尖企业领袖和商业专家。

C. 用户调研：企鹅智酷·数据研究中心的精准消费者行为与心理洞察。

D. 趋势分析：具备长期行业积累的科技和商业领域资深分析师与记者团队。

## 分水岭之新常态：巨头与独角兽“攻守之势”

### 守：存量市场再无偷袭机会

随着分水岭的到来，增量用户的获取将更为困难，更多完成了市场布局的巨头和独角兽必然将重心从“拓展新用户”转为“精耕老用户”，守住价值越来越高的存量市场。对于新入局创业者而言，在基础和时势都不占优的情况下，极难获得空间。

### 攻：出海，下乡，二次元

在守住基础的同时，增量市场机会将主要出现在三个方向：海外发展中国家 / 不发达国家；中国三四线城市和村镇；以二次元等为代表的新生代细分用户族群。说到底，世界上依然有很多新红利市场，只是开拓它们要比过去的最优市场难很多。

### 升级：精耕用户存在价值天花板

在存量用户升级上，大公司和独角兽更具优势。但除非发生模式创新带来的产业链扩展，例如从出行到快递，否则纯粹的精耕存量用户挖掘新消费潜力，会很快遭遇天花板。

竞争的核心是用户时间。在每天 24 小时的“自然法则”下，提升单位时间用户转化价值和增加用户使用黏性同样重要。

### 创新：大公司的“势”，小公司的“专”

大公司和创业者都必须考虑分水岭之后的世界。下一波技术浪潮将必然主导全新的竞争格局，而在分水岭“混沌期”，所有参与者都将不同程度完成新技术积累的商业落地探索。

巨头和独角兽具备同时在多个领域探索新技术的能力，将拥有“势”的优势；而创业公司必须也只能拼快和专注。在这场错位竞争中，新技术的并购和投资将更容易发生。

## 分水岭之危：四大创业法宝将“失灵”

### 价格战

没有任何一家企业愿将自己拉入价格战中。只是在分水岭之前的增量用户竞争中，价格战往往是吸纳新用户的最简单手段。

但在网民红利触顶的分水岭期，企业面对的将是拥有一定互联网经验的“非小白用户”，甚至资深用户。低价在产品购买要素中的位置将会降低。

### 病毒式营销

随着整个科技和互联网用户群体的“老化”，整个用户市场对新产品的好奇心和尝鲜精神会逐渐降低。用户在渡过早期选择阶段后，会优化精简自己的同类产品使用重复度。

对于新产品而言，仅靠概念性炒作和社交链条病毒式营销模式，将越来越难“骗到”这些互联网老手。

### 预装式推广

新产品基于新手机预装的渠道推广，在分水岭期将遭遇冰火两重天。小范围看，在三四线甚至村镇用户的增量市场中，这一模式依然有助于产品拉新；但在更大范围的互联网存量网民中，已经形成了自己的产品喜好，预装对老用户的影响越来越低。

### 统一的供给模式

分水岭使整个市场用户群“换血变慢”，另一个直接影响就是用户随着体验增多，产生更多个性化的需求。

对于任何基于内容和服务的产品平台而言，统一供给和分发模式将遭遇严峻挑战。而整个互联网的信息爆炸将会加速用户的需求分化，这也是分水岭期最为明确的一个用户需求变迁。

## 分水岭之机：穿越迷雾的四条军规

### 技术 +：创新提速的三级火箭

新一轮技术迭代将以“集群”形式涌现，在未来 2 ~ 5 年里，以人工智能、大数据应用、云计算及基因技术等为代表的新“技术 + 商业”窗口将逐渐打开。

无论大公司还是创业者，在分水岭技术迭代周期里，冒进和迟缓都是危险的，甚至冒进要更危险一些。合理做法是选择与自己公司和所处行业耦合高的新技术方向，先保持合理投入；在获得“技术 + 产品”融合突破后，可以提速；在获得“技术 + 产品 + 商业模式”进一步融合后，可以全力冲刺。

### 市场 +：成为消费升级的攀登者

在整个宏观经济下行和分水岭迷雾中，消费升级将成为未来 2 ~ 5 年企业维持上行商业收益的关键现金流。其中，时尚、健康、品质生活等消费诉求，将直接带动单次消费容量。

全行业产品都应在这一轮浪潮中抓紧“向上爬”，尽可能完成品牌升级，打造产品品质，乃至形成一定的文化印记。已经有用户基础的产品平台，可以尝试向更高端消费群体延伸。

### 数据 +：成为用户的知“心”朋友

用户数据挖掘将成为产品核心能力。随着挖掘工具的普及和全行业数据化程度提升，这一趋势将从大公司向独角兽甚至创业公司扩展。

谁在这一波分水岭周期里更好地完成用户数据沉淀和挖掘，在未来的竞争中，就可以取得更高效的需求匹配能力和服务品质。

### 创业 +：成为资本和巨头的“生态拼图”

未来 2 ~ 5 年，全球和中国创投将进入一个整体守稳，但随时可能“引爆火山”的不确定阶段。烧钱投概念的时代短期内不会复现，投资者会更冷静地聚焦在离未来更近的领域，包括大数据、VR/AR、人工智能和互联网金融等方向。

资本在分水岭期会更在乎项目接盘可能性，因此成为大公司的生态拼图或技术方向上的“价值点”，更容易获得投资青睐。

## 关于中国科技 & 互联网未来 16 个趋势

### 趋势 1：分水岭来临，积累不足者将会在下一波竞争中落后和退出

未来 2 ~ 5 年，中国科技和互联网产业将整体进入分水岭期，即业内所言上下半场概念。在移动互联网和智能手机红利触顶后，新技术浪潮和新的巨大模式变革尚未真正落地。在这段探索期内，积累技术优势、生态势能、品牌升级、用户精耕和新市场探索，将成为科技公司走出分水岭的关键。分水岭之后的新跑道，将不会有统一的起跑线。

## 趋势 2：网民红利已在“最优市场”触顶，互联网下半场再无“野蛮生长”

未来几年，大部分科技和互联网密集型领域用户，将进入低速增长期。大城市和传统网民用户群增长空间触顶，在中小城市和新生代、中老年网民群体中，尚存有未充分开发的潜力用户群体。

## 趋势 3：创投市场趋稳，优质资源向头部聚集

在经历了动态调整后，中国创投市场或将进入一个相对稳定的上行区间。估值泡沫存在但可控，现存优质独角兽公司会进一步获得资本青睐，新技术性创新公司有机会浮现，但短期内不会形成大规模爆发。

## 趋势 4：新技术浪潮尚无“个体接班人”，或由“技术集群”引领

尽管业内对于新技术引领后智能手机时代的浪潮存有共识，但目前尚没有某一项技术具备特别明显的“接班人”特征。从目前看，下一波技术浪潮很可能不再是一两项技术突破来引领，而是由以物联网、云计算、人工智能、大数据、基因工程、材料科学、VR/AR 等技术集群所形成的合力，来掀起更为庞大的代际更迭。

## 趋势 5：消费升级继续走高，成为分水岭期优质现金流

中国整体经济正处在新一波消费升级的上行区间，这对互联网和传统行业走出分水岭和宏观经济压力都是利好。教育、文娱、医疗保健、交通出行等领域将成为这一轮消费升级的最大受益者。年轻用户和高龄用户将进一步激活“低幼经济”与“白发经济”。

## 趋势 6：全球化将成为中国科技公司一种“必然但审慎”的选择

在上一波传统 IT 公司出海浪潮后，以互联网和互联网 + 为代表的新科技公司，必须将自己的产品、技术和商业模式复制到其他市场，既走出国内的红利触顶，又尽早布局全球竞争。但受限于本地化、文化和其他复杂因素，新一波出海浪潮绝非坦途。

### 趋势 7：移动直播将进入洗牌期，社交与内容价值凸显

在经历一段时间的回调后，移动直播产业在中国将进一步多元化和平台化。在走出泛娱乐和秀场直播的单维空间后，直播用户也将从中小城市向大城市扩展。在直播的媒体属性基础上，内容和社交将成为未来各平台博弈的核心。

### 趋势 8：智能手机洗牌加速，互联网模式或从被压制到逆袭

未来几年，手机产业将进入更深度的渠道之争。纯线上模式被线下渠道逆袭，本质上是用户下沉和迁移导致，但这一过程并非会长期持续。未来线上依然有在中小城市重新崛起的机会，而同时掌握线上线下双渠道能力，将成为所有手机厂商的共同目标。

### 趋势 9：内容付费长期看好，媒体创作者残酷洗牌

随着内容进一步爆炸，用户注意力变得极为稀缺。除了精准分发带来的内容和广告按需分配之外，优质内容的遴选和付费阅读将成为中高收入群体的新选择。对于内容创业者而言，不论图文还是视频，都将进入更激烈的专业化、结构化升级和洗牌期。平台的赋能能力成为吸引创作者的关键因素。

### 趋势 10：互联网金融技术升级，格局进一步两极分化

整个互联网金融将比预期更快地进入分化期。头部大平台依托资本、用户规模和数据、技术优势，以及监管门槛的抬高，将更快形成雪球效应，并迎来上市潮。中小创业型公司机会窗口越来越小。和其他行业相比，互联网金融在未来一段时间，还将接受更丰富的新技术革命洗礼。

### 趋势 11：社交网络进入深水竞争，个性化和平台化成为关键

社交是中国网民中渗透率最高的产品，受移动红利触顶影响也最快。整个社交网络的

发展已从模式创新进入产品深度优化阶段，一方面是体验与功能的个性化，另一方面是在对接服务和内容方面进一步平台化。

### 趋势 12：在线旅游用户全盘渗透，出境 / 度假细分领域空间大

在线旅游在大城市和中小城市的渗透率差异很小，已完成用户覆盖。随着消费升级带来的旅游预算增加，出境游和度假游将带来更高的收益空间。而行业整合结束也会让整个产业进入稳定期，这将有助于大平台精耕服务和小平台挖掘个性化产品。

### 趋势 13：电商平台金融化，数据与内容成为新竞争力

大型电商平台将更快速地走向金融领域，依托电商的资金流和用户池带动金融产品。此外，在传统的物流与渠道竞争之外，下阶段电商将在大数据应用和内容体验上进一步布局发力。

### 趋势 14：在线视频与传统影视互相渗透，会员和自制成为关键

整个影视文娱产业增速会有所放缓，但整体上依然保持不错的上行趋势。互联网公司与传统影视公司将互相进入对方领域，发展竞合关系，推动产业立体化进程。对于在线视频而言，自制内容和会员业务将不再只是纯粹的功能属性，而将成为带动整个消费链条升级的关键钥匙。

### 趋势 15：虚拟现实（VR）投资趋于冷静，内容价值超越硬件

在渡过概念阶段后，虚拟现实的创业和投资将变得更为理性，投资数量未必会有更高增长，但投资质量和头部公司的价值升值会更好。从产业链条看，尽管软硬件结合是必然的方向，但内容和软件的价值，在下阶段将超越硬件。

## 趋势 16：出行服务进入后补贴时代，大平台从用户数量转向用户质量

不论是出行 O2O 还是餐饮服务 O2O，随着补贴的降低甚至取消，整个市场竞争将进入更理性阶段。已占据优势位置的大平台将会从线下粗犷的模式进入基于大数据等技术驱动的升级时代，以打造更高质量的竞争门槛和服务体验，并以此技术和用户基础，渗透到更多的相关联领域。

目录
CONTENTS

第一部分



第二部分

# 十大产业趋势

第一部分

# 总述与四大领域洞察

中国互联网进入“分水岭”期

资本：冰与火之歌

技术：新浪潮来临

用户与市场：消费升级

全球化：中国式出海

01
第一章

# 中国互联网进入“分水岭”期

本章分析师：**冯辰 杨鹏**

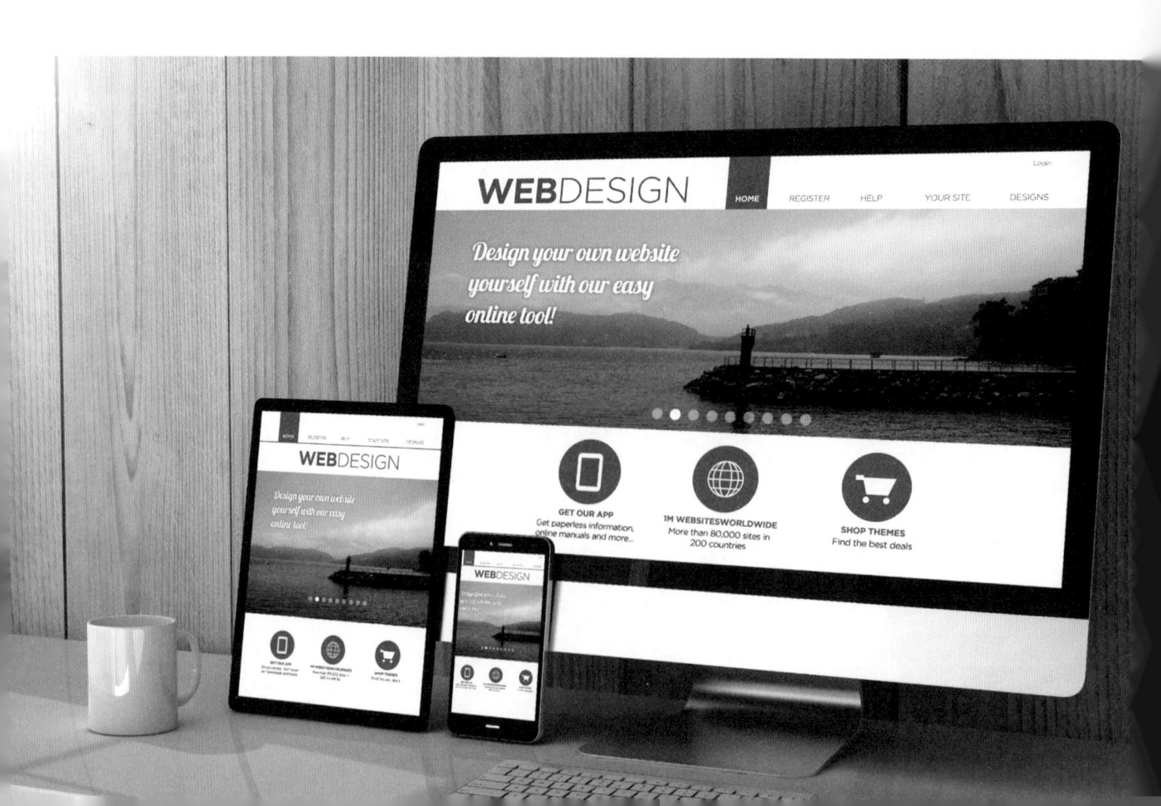

# 全球互联网进入“减速增长期”

## 全球互联网用户增速放缓，发达国家近饱和

根据国际电信联盟发布的报告《ICT 事实与数据 2016》，2016 年年底全球互联网用户数量预计将达到 34.6 亿。

互联网用户增速放缓。2014 年和 2015 年同比增长均为 9% 左右，其中印度贡献巨大，如果剔除印度的话，2015 年全球其他地区增速仅有 7%。

平均而言，全世界 47% 的人已接入互联网，这一比例在发达国家约为 81.0%（10 亿用户），发展中国家为 40.1%（25 亿用户），不发达国家约为 15.2%，具体参见图 1-1。

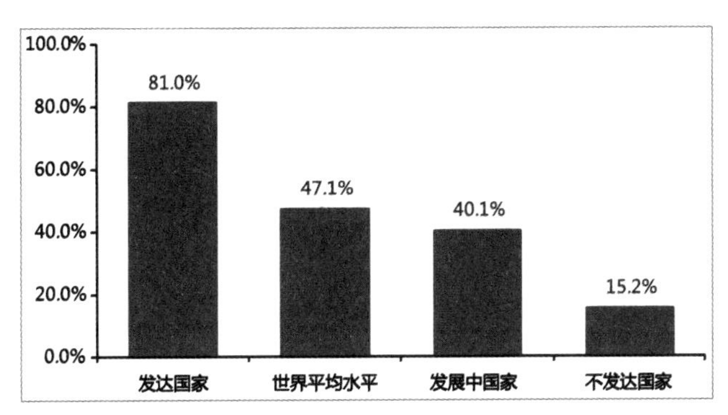


图 1-1　世界不同国家（按发达程度）的互联网渗透率
数据来源：《ICT 事实与数据 2016》。

## 智能手机用户增速放缓，主要原因是新兴市场趋于饱和

来自 KPCB 的《2016 互联网趋势报告》数据显示，全球智能手机用户增速放缓（2014 年为 31%，2015 年为 21%），智能手机出货量增速也大幅放缓（2014 年为 28%，2015 年为 10%），最大市场（亚太市场）2014 年增长 35%，2015 年增长降至 23%。

Gartner 预计 2016 年全球智能手机销量为 15 亿部，较 2015 年增加 1 亿部，同比增长 7%，近年来增幅首次降至个位数。

## 全球创投生态地区差距依然巨大

### 不同国家的创新活力

根据 A.T. Kearney 发布的《2016 年全球创新指数》，全球创新呈现出以下特征：

（1）地区创新差距依然明显。以 GII 平均得分为基础的整体地区排名显示，北美洲地区排在第一（58.1），紧随其后的是欧洲（46.9）与东南亚、东亚和大洋洲。北非和西亚与拉丁美洲及加勒比在得分上接近，而 2016 年中亚和南亚的平均得分（27.7）只略高于撒哈拉以南非洲（25.6）。

（2）中等收入和高等收入经济体之间的差距依然很大。中国跻身全球创新 25 强，总体排名 25，在创新质量上排在第 17 位，因而得以在中等收入经济体中保持首位，并进一步缩小该群体与高收入群体间的差距。

（3）低收入经济体与中等收入经济体之间的差距正在缩小。

### 全球创投生态

自 2013 年起，全球创投总金额不断攀升。创投交易笔数自 2011 年起呈线性增长态势，在 2014 年达到顶峰，之后有所回落。KPMG 数据显示，2015 年全球有创投资金支持的创业公司共获得 7 872 笔投资，总金额达 1 285 亿美元。与前几年的创投行情相比，单笔金额剧增，“独角兽”也大量出现，2015 年全球新增 72 家“独角兽”。

全球创投交易次数和总金额见图 1-2。

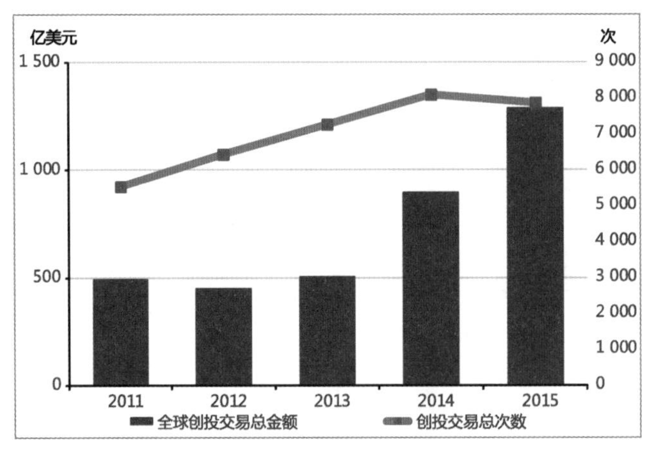


图 1-2 全球创投交易次数和总金额

数据来源：KPMG。

从投资方向看，互联网仍是创业者和资本最青睐的领域，几乎占到创投交易笔数的一半。其次是移动通信和医疗健康。这三者共占到交易笔数的 3/4。

## 中国互联网全面“移动化”已近完成

截至 2016 年 6 月，中国网民手机上网使用率为 92.5%。手机网络购物和手机支付的用户规模均增长迅速，分布达到 4.01 亿和 4.24 亿。具体参见图 1-3。

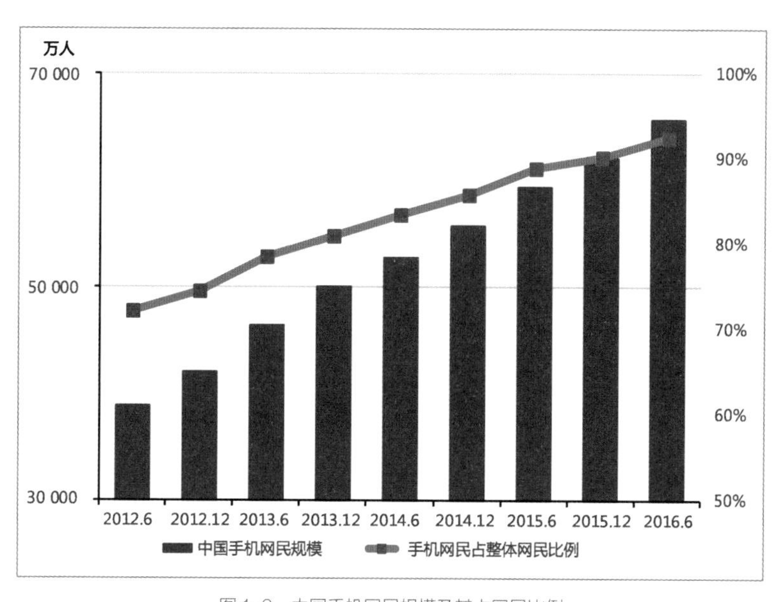


图 1-3　中国手机网民规模及其占网民比例
数据来源：CNNIC 发布的第 38 次《中国互联网络发展状况统计报告》。

## 中国创投生态环境

### 市场利好：创业投资和众创空间爆发

从总体上看，我国已是全球第二大创投市场，2015 年创投总额达 538.76 亿美元，仅次于美国的 588 亿美元。从天使投资规模上看，2015 年天使投资基金数量与总金额较 2014 年分别增长 217.95% 和 209.94%，在近两年的时间里增长了 3 倍以上。

众创空间数量从 50 余家发展到 2 300 余家，增长了近 46 倍。腾讯开放平台发布的《2016 互联网创新创业白皮书》预测，2016 年年底将达到 4 000 家。另外，孵化器的数量也从 2011 年的 1 034 家增长到 2015 年的 2 500 余家。

来自腾讯开放平台的数据显示，已有越来越多的传统行业创业者重视移动互联网渠道，开始投身于移动产品开发中，其中具有代表性的领域为教育、传统媒体、建筑地产及贸易 / 批发 / 零售等，具体参见图 1-4。

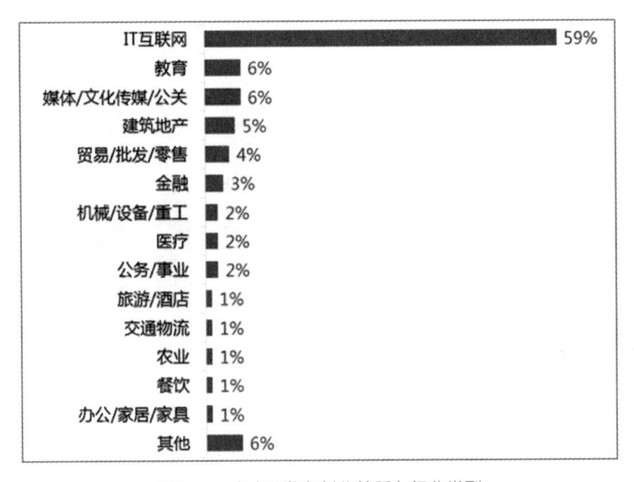


图 1-4　移动开发者创业前所在行业类型

数据来源：腾讯开放平台（2016 年 10 月）。

### 热门行业独角兽集中爆发

2015 年到 2016 年第 1 季度，全国新注册公司共 550.26 万户。其中，约 48.15 万户属于“互联网 +”领域。2015 年，中国独角兽企业数量为 33 家，截至 2016 年第 2 季度，中国独角兽企业达 79 家。

其中，95% 的独角兽属于“互联网 +”领域，互联网金融、电子商务、汽车交通和

O2O 服务四大领域占据了总数量的一半以上（具体见图 1-5），互联网金融领域总估值更是独领风骚。

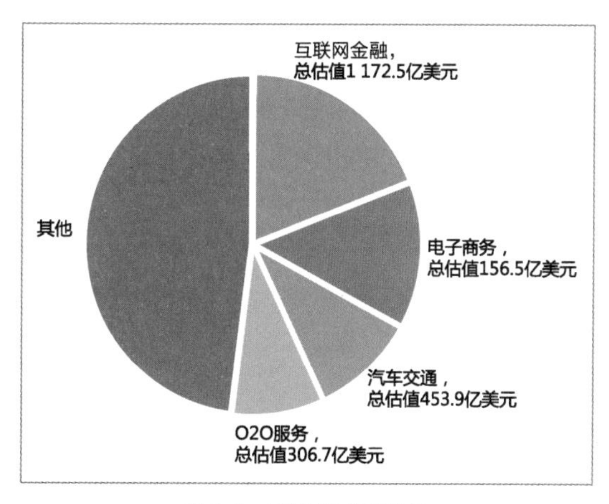


图 1-5　各领域独角兽比例

## 中国互联网生态变化

### 移动终端用户消耗时长分配

根据 CNNIC 统计数据，2016 年上半年人均每周上网时长相比 2015 年下半年略有提升，达到 26.2 小时。近 3 年来的人均每周上网时长变化趋于平缓。具体参见图 1-6。

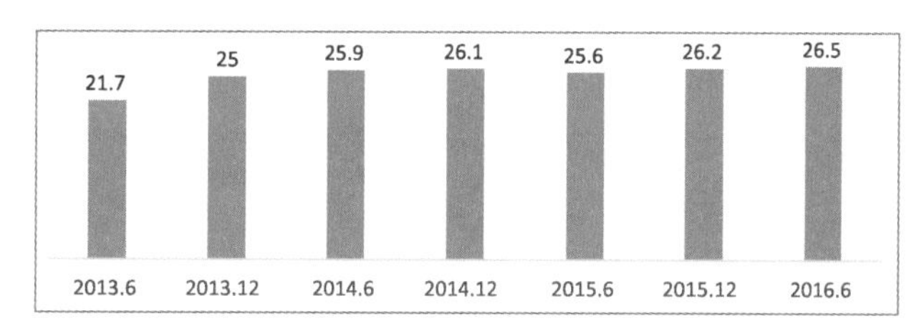


图 1-6　网民平均每周上网时长（单位：小时）
数据来源：CNNIC。

## BAT的影响力

百度、阿里巴巴、腾讯三家公司在中国互联网行业中占据领导者地位。

从三家公司主要产品的移动端使用量级来看，其核心产品都拥有亿级用户，MAU均超过2亿，部分DAU过亿。腾讯的社交应用的使用频率最高，根据QuestMobile监测数据，2016年9月微信的人均月度使用频次高达569.5次。具体参见表1-1。

表1-1　　三家公司的相关资料

| 公司 | 核心产品 | MAU（万） | DAU（万） | 人均月度使用频次 |
| --- | --- | --- | --- | --- |
| 百度 | 手机百度 | 35 835 | 10 455 | 53.7 |
| | 百度地图 | 22 657 | 2 584 | 10.8 |
| 阿里巴巴 | 手机淘宝 | 43 328 | 15 285 | 63.3 |
| | 支付宝 | 37 410 | 8 436 | 21.3 |
| 腾讯 | 微信 | 81 777 | 62 516 | 569.5 |
| | 手机QQ | 56 539 | 29 233 | 229.0 |

数据来源：财报及QuestMobile Top 2 000 APP榜单（2016年9月）。
注：百度2016年第2季度财报公布的百度整体移动搜索的MAU为6.67亿，百度地图为3.43亿。

从BAT的投资布局来看，三家公司的投资布局领域广泛且有明显交叉，同时，均涉猎国外投资并购。具体参见图1-7。

即便在竞价排名业务上受到质疑，百度在技术领域的持续投入依然值得关注——过去3年，百度研究经费占营收的比重与Google基本相近。百度在移动时代一度落后并处于追赶状态，但通过深度学习、人工智能和自动驾驶等可商业化新技术，正在积极寻找下一个技术代际的领先机会。

阿里巴巴不只是一家电商公司。尽管电子商务依然是这家公司身上最显著的标签，但在金融、云业务、大数据、文化娱乐等领域其也具备有力的竞争力。在社交领域，他们不断尝试推出新的产品。阿里巴巴及旗下的淘宝等电商平台，是中国互联网商业生态中距离消费链条最近之处。他们在处理数据存储、并发和安全等方面有着相应的技术储备。

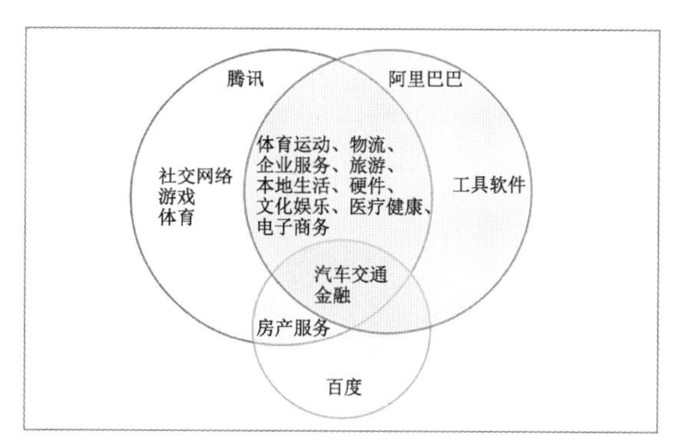


图 1-7　2016 上半年 BAT 投资领域分布图
数据来源：IT 桔子。

中国有近 7 亿互联网用户，网络社交构成了一种长期、稳固并不断扩展的影响力和价值空间。依托 QQ 和微信，腾讯建立了中国最优质的社交网络生态，并围绕这两个平台搭建了丰富的生活与消费场景服务。游戏是腾讯的另一个重心，同样拥有巨大的市场需求和用户消费空间。在手游时代，其转型迅速，并通过自研和投资获得了市场领先地位。

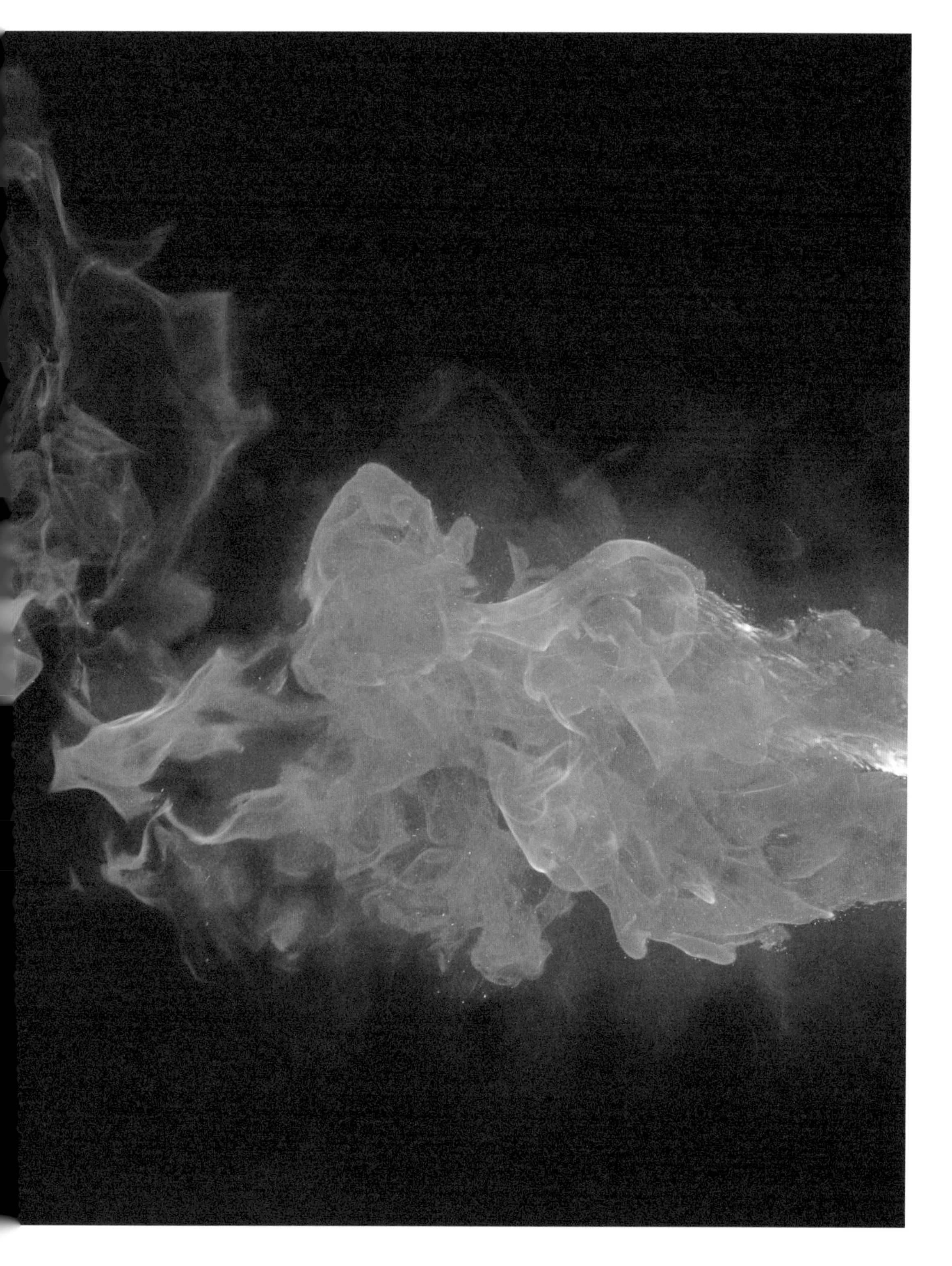

# 02 第二章

# 资本
## 冰与火之歌

本章分析师：**郑可君 王潘**

本 章 顾 问：**李开复 徐小平 童士豪 熊伟铭 周炜 李丰 许达来 牛奎光 黄明明 吴世春**

## 行业领袖洞察

**李开复** 创新工场创始人、CEO

“整体上，我对接下来的整个投资环境持比较乐观的态度，二级市场的退出会越来越好。另外，国内的估值还是比美国高，所以更多的创业者会朝着这个路走下去。”

**徐小平** 真格基金创始人

“我相信，2017 年估值会在 2016 年的基础上保持平稳。2016 年，估值回调到了我个人觉得比较合理的水平，作为投资人，我期望估值不要虚胖。”

**童士豪** 纪源资本管理合伙人

“跨境电商领域的独角兽仍然有投资价值。能国际化的公司，其未来的想象空间、发展的市场规模都是前所未有的。”

**熊伟铭** 华创资本合伙人

“泡沫的风险对整个经济的影响不会那么大。但这个行业起到的一些开创性的作用，却对社会产生了非常大的影响。”

**周炜** 凯鹏华盈中国主管合伙人

“从创投圈角度看，现在的市场是健康的。但整个大经济环境给互联网创投领域气候带来了很大冲击，才有资本寒冬这些现象的出现。”

**李丰** 峰瑞资本创始合伙人

“中国创投市场的发展走向，需要根据中国的经济需求来看。目前，中国所需要的工业升级和科技升级这两件事还会接着很热。除此之外，消费升级还会持续再热一段时间。但是，今年很热的一些领域会回归理智，比如新的医疗技术、生物技术、影视娱乐。”

**许达来** 顺为资本创始合伙人、CEO

“我们对 VR、AR 一直保持谨慎乐观的态度。这个领域不会是爆发性的，而且靠创业公司的力量做大非常难，必须硬件和内容结合才可以。这个行业可能还有机会，但较难再出现大公司。”

**牛奎光** IDG 资本合伙人

“消费升级依然是比较长久的投资主题，未来将会诞生独角兽公司。”

**黄明明** 明势资本创始合伙人

“创投领域其实没有真正的蓝海，重要的还是要多思考如何满足需求，如何提供差异化的服务，考虑清楚这几点，在每个领域中都会有机会。”

**吴世春** 梅花天使创投创始合伙人

“中国的影视行业很像游戏行业，那种手握‘大卡司’、院线、巨额制作的人才会活下来，体系性的打法会更加有机会成功。小公司赌一个片子成功的机会将越来越渺茫。”

## 2016 年中国资本“冷静了”

2013 ~ 2016 年获得融资的项目数量及其增速见图 2-1。

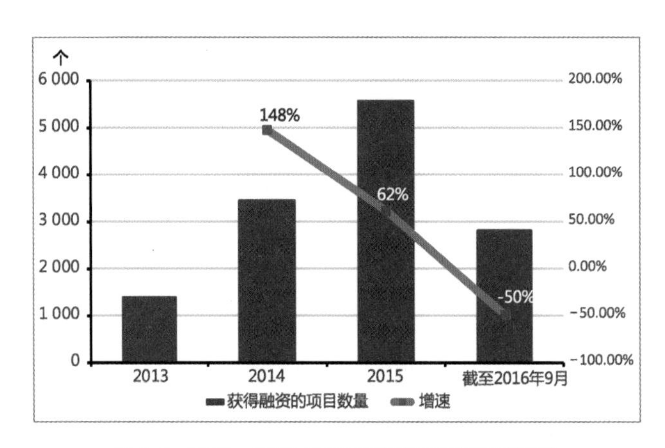


图 2-1 2013 ~ 2016 年获得融资的项目数量及其增速
数据来源：IT 桔子（2016 年 9 月）。

在经历了 2014 年的爆发式增长之后，2016 年中国整个投资市场趋于理性，在资本市场方面整体表现冷淡，相比前几年的投资数据，呈下滑趋势。

最能够体现 2016 年中国资本市场冷淡的表现为：很多估值存在严重泡沫的项目，在 2015 年和 2014 年获得投资的概率很大（这种不健康的现象也导致许多投机型项目涌现），但在 2016 年这些项目能够获得融资的概率已经变得非常小。

相较于往年，2016 年的投资机构在投资数量和轮次上有如下变化：2016 年投资数量减半，轮次基本无变化，但投资的步调放缓很多。此外，目前早期项目（天使至 A 轮）的估值在 2016 年逐渐趋于合理，但成长期项目（B 轮及以后）的估值仍在高位。

相对之前关注的业务 KPI 以及公司数据，2016 年投资人更看重企业的利润和盈利能力。对创业者来说，现金流的安全性更为重要。

对投资机构来说，2016 年的整体状况为：主流基金基本资金充裕，在天使阶段的对外投资依然十分活跃，但由于后期的融资成功比例在降低，中后期基金对项目判断更强调利润和绝对的市场地位。

资本热衷领域在 2016 年上半年集中表现为 AR/VR 和内容类项目，下半年以人工智能和高科技类项目为主。

**李丰**

中国创投市场的情况主要通过中国经济的企稳状况观察。目前，美元基金将保持中性态度，晚期基金相对保守，成长期偏激进。而一些人民币投资仍在缓慢的起步过程中，早期基金的竞争从 2016 年开始形成，但随着人民币基金流转体系慢慢开始形成，成长期和晚期也会开始变热且竞争更为激烈。人民币目前仍处于钱多的年代，但正在慢慢地被方向政策和热点引导，开始进入股权投资市场，但是这个进入过程需要一段周期来形成。人民币和美元投资的项目数量见图 2-2。

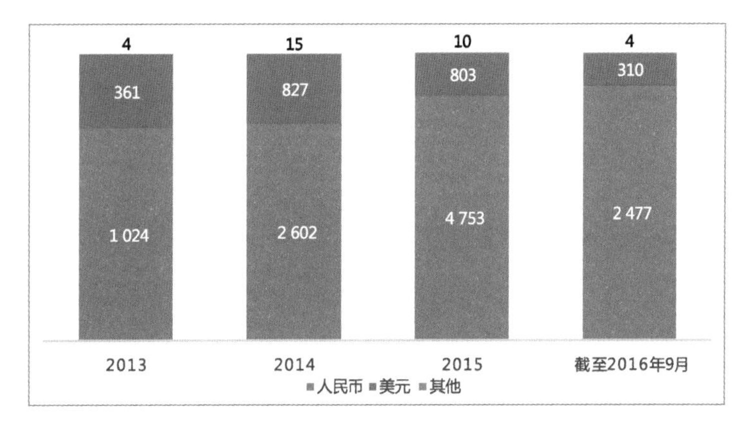


图 2-2　人民币和美元投资的项目数量

数据来源：IT 桔子（2016 年 9 月）。

## 2017 年中国创投市场预期

大部分投资人表示，2017 年中国创投市场整体将保持稳定状态，并延续 2016 年的趋势。具体原因可归结为两个：

第一，移动互联网用户数量已经超过 5 亿，用户红利消失殆尽，第一波大的发展机会已经过去，而第二波机会目前还未出现。

第二，如今互联网巨头们各自的布局已经逐渐清晰，投资和并购动作也较为活跃，仍占据主导地位。因此，2017 年的创投市场将和 2016 年类似，以稳定状态为主。

但部分投资人表示，2017 年的创投市场会通过去除更多的狂热和浮躁，来进一步坚守商业价值的本质。

在整体的变化规律中，有以下几点需要重点观察：

第一，观察 2016 年和 2017 年的 IPO 窗口是否足够大。

第二，观察 A 股市场以及证监会的新动作。

第三，目前国内人民币基金的投融资步伐逐渐加大，也将有力刺激创投市场。

**李开复**

整体上我对于接下来的整个投资环境是持比较乐观的态度的，二级市场的退出会越来越好。其实，现在已经一步步都在往好的方向走，每个月都有公司上市，新三板也是提供了渠道。另外，国内的估值还是比美国高，所以更多的创业者会朝着这个路走下去。此外，我认为科技项目在二级市场非常稀缺，值得追捧，所以我现在很乐观，投的项目可以考虑在美国继续走，也可以考虑转回来。

**许达来** 我认为目前创投圈的现状是最好的。对大家来说，长跑不能总是快跑，所以放慢步伐，消化一下，其实是个很好的事情。

**李丰** 中国创投市场的发展走向，需要根据中国的经济需求来看。目前，中国所需要的工业升级和科技升级这两件事还会接着很热。除此之外，消费升级还会持续再热一段时间。但是，2016 年很热的一些领域会回归理智，比如新的医疗技术、生物技术、影视娱乐。

**童士豪** 2017 年会延续 2016 年的趋势，比如前沿科技、AI、AR 等方面是有机会的。但必须要全球化，因为这些软硬件结合的行业是全球化竞争。同时，对团队的要求也很高，他们最好能够接触中美两边的资源。

## 独角兽公司的挖掘

观察一个独角兽公司是否值得投资需要看三点：

第一，盈利能力。

有些公司虽然目前处于烧钱的阶段，但是成长很稳健。例如，一个公司虽然今年烧几十亿，但是明年可以少烧 10 个亿，后年可以少烧 20 个亿，最终能烧出一个像京东这样规模的公司。

投资的本质是烧钱、赚钱，创业的本质在于花钱、赚钱。未来的盈利能力是衡量一个公司价值的核心。需要注意的是，有些独角兽带有水分，比如公司伪造用户数据，那些是不值得投资的独角兽。

第二，业务模式的天花板。

到了独角兽阶段，就需要判断业务模式的天花板在哪里。有些业务模式本身并不美丽，在激烈的竞争状态下，并非越大控制力越强，而是天花板的高度决定了是否值得继续投资。

第三，能否占据用户的心智。

用户在使用此领域的产品时，能否在第一时间想到这家公司？如果不能达到这样的水平，说明壁垒不够高，不能称之为独角兽，也不值得继续投资。

对于独角兽公司本身来说，持续的融资能力跟自身的运营数据、商业化，还有未来资本市场的热度有直接的关系。在资本寒冬中，比较稳健的是现金量消耗少的独角兽，理论上这些公司将会更加安全。目前市场环境下，这些独角兽的目标是保持自己的市场份额，然后努力推迟融资时间节点。那些现金消耗很大的独角兽目前压力会较大。四大领域独角兽和准独角兽数量见图 2-3。

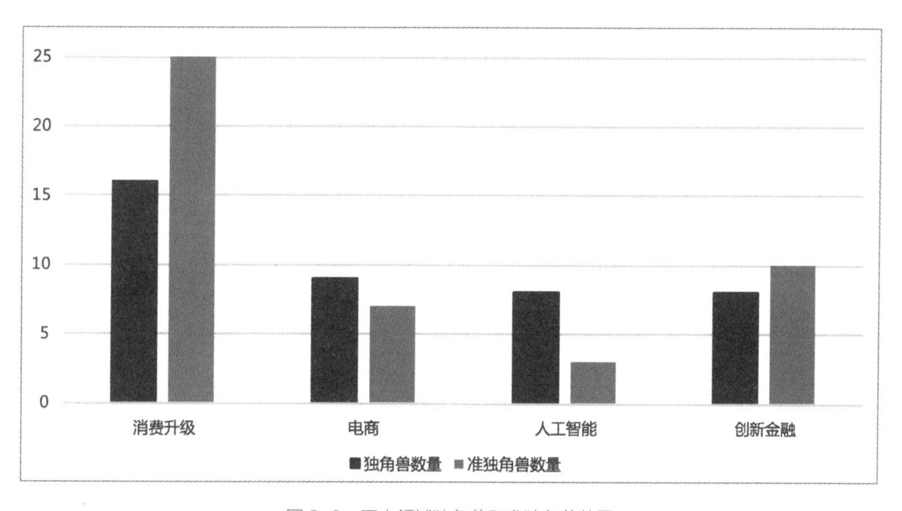


图 2-3　四大领域独角兽和准独角兽数量

注：准独角兽是指估值介于 5 亿和 10 亿美元之间的公司。
数据来源：TechCrunch，2016.10.12；艾瑞，2016.7；新智元，2016.10。

**李开复**

AI 领域的革命将是颠覆性的。我们发现一些真实的 AI 公司可以真正创造价值，比如人脸识别、无人驾驶、金融、医疗等领域，都非常值得关注。

**牛奎光**

消费升级依然是比较长久的投资主题，未来将会诞生独角兽。原因有两个方面：第一，消费升级的大趋势仍然在延续。第二，从品牌的成长性来讲，电商虽然满足了选择的多样性，但由于被满足得过好，用户需要选择的东西过载。因此，需要有品牌帮助用户减少选择。

接下来将是消费升级的好机会：第一，中国的媒体因为社交网络的存在出现了一些分散化，这些都会出现新机会；第二，在用户的脑海里的品牌一直在发展，变化很快，所以沉淀下来固定的品牌还没有那么多。

**童士豪** 跨境电商领域的独角兽仍然有投资价值。能国际化的公司，其未来的想象空间、发展的市场规模都是前所未有的。另外，企业级服务领域，美国一直领先于中国，但大公司越来越有可能在美国买产品、买公司，或带美国公司进入中国。虽然现在有点过热，但仍存在大量机会。这个机会的关键在于能否合理嫁接中美资源。因此，不管是企业服务还是电商市场，只要是有能够国际化的机会都值得投资。

**明势资本** 我们会专注人工智能、大数据、工业升级和产业升级领域的机会，只要是产业链相关的公司，明势资本都会去深入研究。对早期投资来说，人永远是决定性的因素。一流的团队可以把二流的项目做到极致而获得成功。我们认为优秀的创业者是能够把产品和执行做到极致、有着坚定梦想和决心的人。

## 需要警惕的创业红海

**牛奎光** 对于之前很火且补贴很厉害的 O2O 行业，我们保持谨慎的态度。

**黄明明** O2O 的问题是，当好不容易做出一些微利（甚至有一些 O2O 项目是靠补贴做出的微利）后，最后获取流量的成本却是巨大的。所以，从本质上来说可能永远没办法盈利。当 VC 停止补贴和造血，它们的倒闭只是时间长短的问题。

**许达来**

VR、AR 可能 2015 年还比较热，好多创业者在做这个领域。但是我们一直保持谨慎乐观的态度。这个领域不会是爆发性的，而且靠创业公司的力量做大非常难，必须硬件和内容结合才可以。创业公司需要推动整个生态开发内容，或者能够搞定内容。因此，这个行业可能还有机会，但较难再出现大公司。

**吴世春**

中国的影视行业很像游戏行业，那种手握“大卡司”、院线、巨额制作的人才会活下来，体系性的打法会更加有机会成功。小公司赌一个片子成功的机会将越来越渺茫。

**黄明明**

创投领域其实没有真正的蓝海，重要的还是要多思考如何满足需求，如何提供差异化的服务，考虑清楚这几点，在每个领域中都会有机会。 而且对于我们做早期投资的来说，更重要的是要看新崛起的领域有哪些机会。

**李开复**

2015 年春天大家都在拼命地投资 O2O、P2P，但我们刻意用我们的策略去避开。O2O 我们有投，但是不会投那些烧钱的，P2P 领域我们很担心会有问题，所以就一直没有做这个方向，现在看来还是比较明智的。

## 泡沫与风险

中国市场的创新公司总体估值风险可控。2017 年估值的走势将会稳中趋升。

跟全球对比，中国的估值相对合理。对比美国，中国的估值泡沫较大，但以色列和印度目前估值泡沫更大一些。

其中有估值不合理的地方，比如细分领域优质公司目前估值很高，但未来成长速度足够快的话，还是可以接受的。

**童士豪** 如果是细分领域特别优秀的公司，相对来说估值还是很高的。但是得赌它未来的成长速度能否足够快，也许现在是早付了一年的价格，但这是可以接受的。

**徐小平** 估值一般都会随着市场的涨落而忽高忽低，也取决于投资人对项目的判断。2016 年，估值在冷却。2014 年、2015 年的总体估值要比 2012 年和 2013 年高几乎一倍，而 2016 年的总体估值跟 2013 年、2014 年相比降了 50% 左右，这是合理的。我相信 2017 年估值会在 2016 年的基础上保持平稳。2016 年估值回调到了我个人觉得比较合理的水平，作为投资人我期望估值不要虚胖。

**熊伟铭** 泡沫的风险并不大，因为这些投资其实只是社会上很少的一部分钱，所以对整个经济的影响不会那么大。就算我们亏掉了，或损失 70% 的钱，对整个 30 万亿的经济体是非常小的影响。但这个行业起到的一些开创性的作用却对社会产生了非常大的影响。比如提供了那么多新的工作岗位等，都是非常好的事情。

## 中国创投象限

对比 2015 年和 2016 年的创业投资动向，会发现创业者和投资方在风口的把握上基本一致，投资的热点行业也是创业热点，而低于平均投资热度的行业，关注的创业者也不多。

BE YOUR
OWN BOSS

2015 年创投行业分布见图 2-4。2016 年创投行业分布见图 2-5。

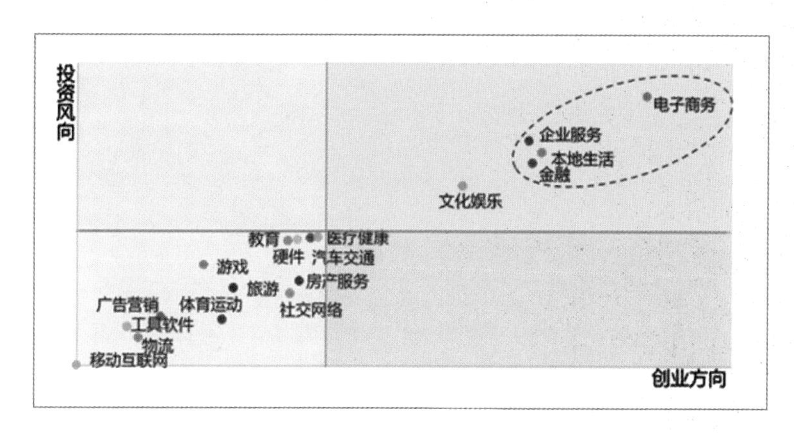


图 2-4　2015 年创投行业分布

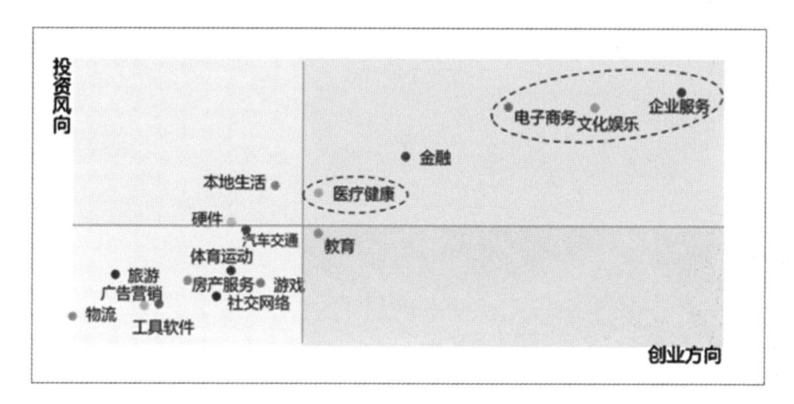


图 2-5　2016 年创投行业分布

在 2015 年，电子商务、企业服务、本地生活和金融是创投圈的香饽饽。到了 2016 年，企业服务和电子商务的风头更劲，文化娱乐类的项目后来居上成为年度的三大风口之一，金融和本地生活的关注度在下滑。值得关注的是，医疗健康领域的项目正在走入创投圈的视野，也许将是 2017 年新的风口行业。

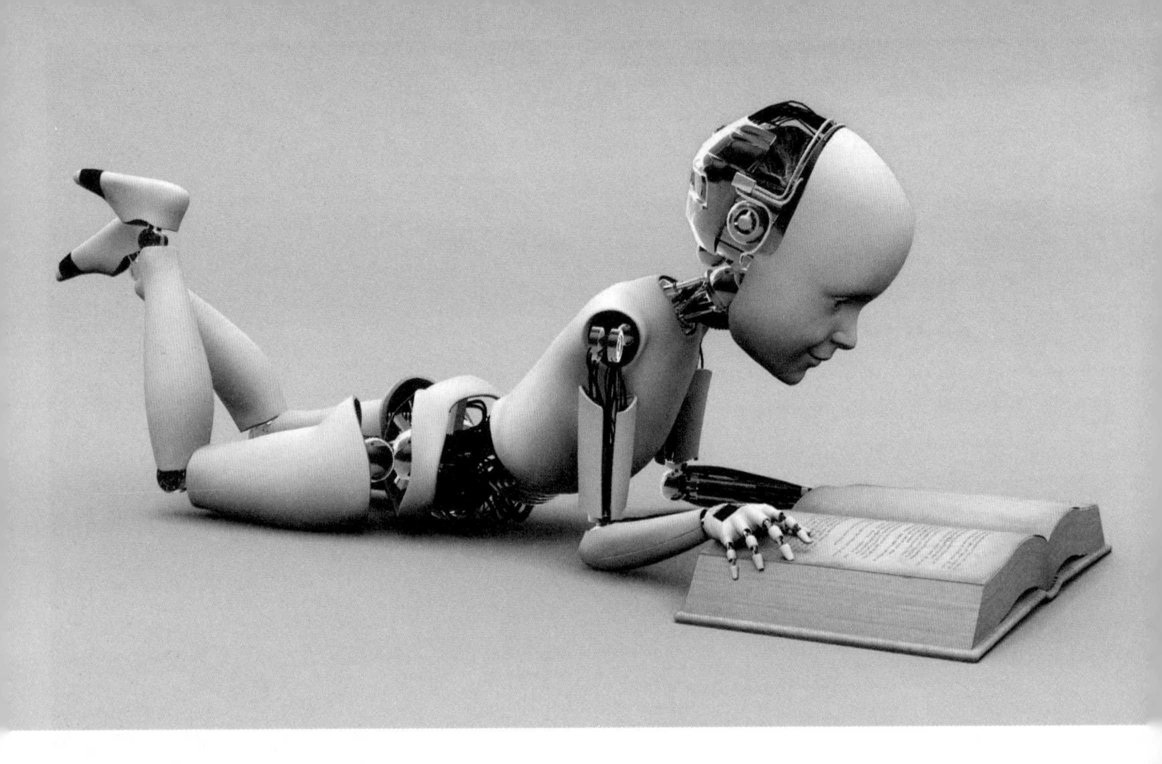

# 03 第三章

# 技术
## 新浪潮来临

本章分析师：**杜会堂 李儒超 孙实 卜祥 王潘 韩依民 乔辉**

本 章 顾 问：**王小川 杨强 张首晟 吴甘沙 王劲 余凯 胡郁 程京 于军 李斌 夏珩 沈海寅**

## 行业领袖洞察

**王小川** 搜狗 CEO

“我觉得连接的红利已经开始消失。随着手机普及、带宽增加，人们获取信息已经不是一个困难问题，但数据的深度加工才刚刚开始。互联网已经从连接导向走向智能导向，所以 AI 在信息加工以及处理上将起到非常大的作用。”

**杨强** 香港科技大学计算机系主任及大数据研究院院长

“到现在大家还只认为人工智能是一项技术，虽然看到很多前景，但我觉得 3 ~ 5 年不可能出现处处开花的效果，因为要面对商业、技术两项难题。除此之外，人工智能的门槛太高。虽然它的目的是取代烦琐和重复的工作，但达到这一目的需要高端人工智能人才。这些人才还需要通晓业务，具有跨界思维，满足条件的特别少。”

**张首晟** 斯坦福物理系教授

“人工智能的进步是最容易被体验到的，我对这个领域非常看好。长远看，人工智能的智慧超越人类是一个必然，但这不意味着人工智能会取代人类，我认为，未来两者的智慧是一种互动的状态。”

**王劲** 百度高级副总裁、自动驾驶事业部总经理

“技术问题仍然是无人驾驶汽车行驶在实际道路上的最大挑战。今天的无人驾驶汽车能够应对高速公路，也能应对城市道路。但现实还存在很多长尾，我们需要把各种情况都考虑在内。人工智能已经在下围棋上超越人类，它也一定能在开车上超越人类。”

**余凯** 地平线机器人创始人、CEO

“世界上做自动驾驶处理器的有以色列的 Mobileye，估值 100 亿美元。国内也在追赶，五年以后，中国大概有 10% ~ 15% 的汽车装上自动驾驶功能处理器，这个量很大。”

**胡郁** 科大讯飞高级副总裁

“语言认知可能是人工智能里面最后一个非常核心的问题，语音、语言都很重要。从交互角度来讲，语音和语言将来会成为非常主流的人机交互方式，在人机交互中的占比会逐步上升，尽管现在比例还很低。”

**吴甘沙** 驭势科技联合创始人、CEO

“无人驾驶很可能在统计意义上是更安全的。但因为技术局限，早期还会犯一些低级错误，所以我们要对它有足够耐心。一个技术诞生，你不能根据它刚出现时的表现去判断未来的发展。”

**夏珩** 小鹏汽车创始人、总裁

“短期来说，实现完全的无人驾驶还不现实，它和很多基础设施的改

造相关。等基础设施改造完成，那么自动驾驶，也就是更加智能的驾驶，是可以预见的。”

---

**李斌**　蔚来汽车创始人、董事长

“无人驾驶这件事情，必须是很多东西到了临界点才可能真正实现，跟电动车差不多。电池成本和性能、法律法规等各因素逼近爆发顶点，才有可能做成。无人驾驶背后的技术涉及视觉识别、图像处理，与芯片、算法、人工智能息息相关，它还有很长一段路要走。”

---

**沈海寅**　奇点汽车联合创始人、CEO

“我不大认同无人驾驶的理念，至少现在无人驾驶还非常困难。以谷歌无人驾驶汽车为例，他们觉得未来汽车不应该有方向盘，但我们的想法是还是叫自主驾驶。什么叫自主驾驶？人和机器同时对这辆车拥有控制权，可以在不同的时间去切换；某些适合机器来开的情况下，机器可以接管过去。我们称之为‘双驾双控’。”

---

**程京**　中国工程院院士、博奥生物集团有限公司总裁

2017 年往后，肠道微生物的检测，可能会大行其道。以前我们不知道微生物对我们人体健康和疾病的发生有这么大影响，现在知道之后，通过科普和教育，会有越来越多的老百姓对它产生依存性。

---

**于军**　中国科学院北京基因研究所研究员

“若要凭借基因技术服务赚钱，先要像麦当劳、星巴克一样搭建成熟连锁体系，降低成本。”

## 智能手机红利触顶，新技术浪潮来临

人工智能，虚拟现实，增强现实，大数据应用，云计算，基因技术，自动驾驶……在后智能手机时代，这些技术将成为全球经济的新驱动力。

人工智能和虚拟现实实际上已拥有 50 年以上的历史，过去它们之所以没能在市场大规模应用，主要受当时设备运算能力、网络带宽等因素限制。现在随着设备计算能力提升、存储成本下降，外部条件越来越成熟，它们释放更多价值的机会也到来了。

除此之外，类似大数据等基础性技术拥有长久的价值，未来它仍将是市场重点关注的技术。大数据技术的革新几乎可以惠及所有行业，它的商业效益既广泛又深远，因此我们认为未来大数据同样是能够改变行业的重要技术。

从过去全球技术公司的发展来看，硅谷是世界技术创新的中心，但中国公司在最近几年开始崛起。放眼未来，我们认为新技术的发展会延续这一趋势，而中国科技公司会继续利用国内庞大的网民资源，通过技术应用模式创新，实现业务增长。

# 人工智能

## 人工智能的现状

人工智能是一门模拟、延伸、拓展人类智能的技术科学，是对人的思维过程的模仿。人工智能诞生于 60 年前，它的发展经历了若干个高峰和低谷。得益于计算性能提升和数据技术的发展，2010 年后，人工智能重新开始高速发展。

根据研究机构 CB Insight 的统计，从 2012 年开始，资本市场对人工智能创业公司的投资迅速增加，2015 年的投资金额达到 3.1 亿美元。2010 ~ 2015 年全球人工智能投资额统计见图 3-1。

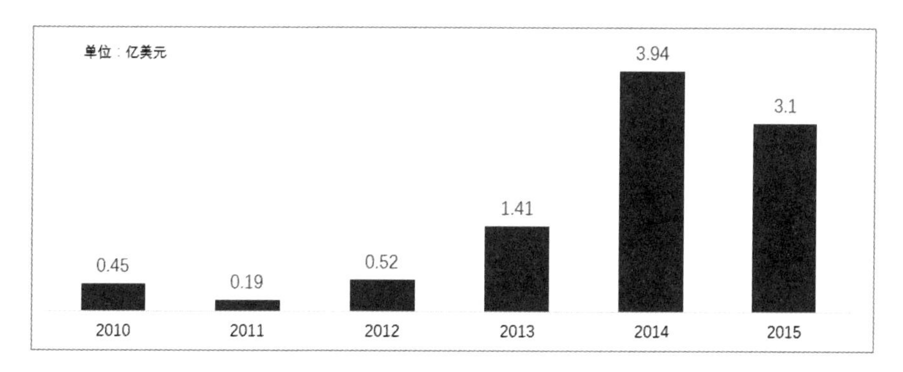


图 3-1　2010 ~ 2015 年全球人工智能投资额统计
数据：CB Insights。

## 人工智能的发展方向

根据发展方向的不同，人工智能分为语音识别、图像识别、语言理解、机器人等应用技术。语音识别、图像识别是目前最成熟的两种，普遍准确率都超过 90%。

和文字相比，语音更加自然简单，同时输入效率更高。除此之外，它还解决了汽车、智能手表等设备的交互问题，这些设备不便以常见的文字进行交互。因此，语音被认为是下一代人机交互形式。

图像识别是一项利用计算机进行图像处理、分析、理解的技术，它的一项重要应用是人脸识别，通过提取人脸特征信息，实现在金融、安防等多个领域的应用。

## 人工智能的代表技术

人工智能包括搜索、机器学习、专家系统、自然语言理解、推理技术等技术。机器学习是人工智能技术的核心，它通过研究计算机怎样模拟人类的学习行为来获取新的知识，不断改善自身性能。

机器学习又被分为多个学科，深度学习是其重要分支之一。深度学习由人工神经网络模型发展而来，按实现形式分为卷积神经网络、深度置信网络、递归自动编码器、深度表达等多项技术。

深度学习层数的提升是近年人工智能技术重要突破之一。2015 年的 ImageNet 计算机视觉识别挑战赛中，微软以 152 层神经网络算法夺冠，比以往多出 5 倍以上。

## 人工智能的落地实践

人工智能的产业链包含基础、技术、应用三个层面。基础层指人工智能的数据资源，包括处理中心、数据工厂、硬件支持；技术层指算法、模型、应用开发等应用；应用

层即人工智能在不同行业的实际应用，包括应用于医疗、物流、金融等领域的具体服务。

应用层是人工智能产业链发展最繁荣的领域，在家居、金融、汽车、医疗等领域均已诞生出具体产品或服务。

**家居。**人工智能与智能家居的结合分为三阶段：控制、反馈、感知互动。手机对智能家居的结合只停留在控制阶段；亚马逊 Echo、Google Home 等智能音箱将人工智能与家居环境的互动提升至反馈阶段，用户发送语音命令，相应设备就能匹配命令并自动执行。目前人工智能在家居中的使用刚进入反馈阶段，未来将产生更多机会。

**金融。**传统金融交易中，基金经理和研究员需要通过数学建模来做出交易决策，由于数据量和执行效率的限制，决策过程很漫长。人工智能可以更好地完成上述工作。通过深度学习、图像识别技术，它还能进入量化分析领域，已有的应用模式包括：①辅助预测，利用深度学习建立模型或模仿专家决策；②外汇交易辅助分析，通过图像识别来分析交易走势。Castilium、Alpaca 等企业已经可以提供相应服务。

**汽车。**美国公路安全局将自动驾驶分为 5 个阶段：L0，无自动；L1，个别功能自动；L2，多种功能自动；L3，受限自动驾驶；L4，完全自动驾驶。现有自动驾驶车辆大多处于 L2 阶段。实现完全自动驾驶，需要通过图像识别技术采集路况、外部环境信息，通过云计算技术与实际地图进行比对。它的发展同样需要人工智能的推动。

**医疗。**医学影像是医生诊断的核心佐证之一，借助图像识别技术，医生可以更高效地做出专业判断，医疗机构也将因此节省大笔成本。在分级诊疗施行的背景下，人工智能与医学影像的市场机会将不断增加。

## 人工智能的未来趋势

人工智能展示出广泛的应用性和出色的执行效率，谷歌、Facebook 等企业已明确将人工智能作为公司下一个阶段的发展重点。

人工智能有希望领导未来技术浪潮，但它的发展需要其他技术共同助力推动，其中包括云计算、物联网、大数据技术等基础设备的持续发展和创业公司带来的技术和模式创新。除此之外，大公司的参与以及学术支持同样不可或缺。

## 虚拟现实（VR）

### 虚拟现实的现状

在 2016 年年初发布的报告中，投资银行高盛给予 VR 很高的评价，认为它可能会成为智能手机之后的下一代计算平台。高盛在报告中预测，2025 年 VR 的市场规模将达到 1 820 亿美元。

回顾 VR 的发展历史，它和人工智能一样，并非一项新技术。20 世纪 90 年代，VR 曾获得短暂关注。但由于当时的技术不完善，VR 设备未能达到宣传中的效果，实际产品存在画质粗糙、延迟卡顿等问题。为 VR 开发的游戏同样存在各种问题，并且数量稀少、价格昂贵。在短期尝试之后，用户很快就将这些 VR 设备抛弃。

直到 2014 年，Facebook 以 20 亿美元收购 VR 创业公司 Oculus 后，市场才重新提起对 VR 的关注。随后 VR 产业获得快速发展。分析机构 Digi-Capital 2016 年 10 月发布的一项统计显示，过去 12 个月，AR/VR 的投资总额超过 23 亿美元，具体见图 3-2。

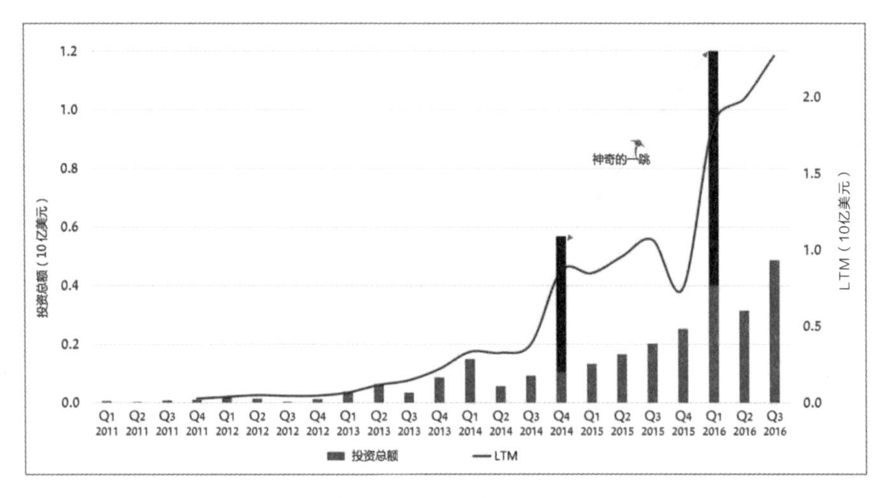


图 3-2 AR/VR 的投资总额

VR 被重新关注的主要原因在于技术进步解决了过去存在的体验问题。得益于处理器和图形芯片性能的提升，以及传感 / 追踪技术、渲染技术的发展，VR 设备已经可以实现出色的流畅度和画面效果。2016 年下半年，Oculus 展示的移动 VR 设备配有完整的计算、存储、交互等模块，甚至可以独立使用。

## 虚拟现实的发展方向

按照发展方向的不同，VR 被分为移动 VR 和桌面 VR。桌面 VR 借助高性能电脑和桌面主机，能够带来更佳体验。但是据 Digi-Capital 的统计，全球只有 4 000 万台 PS4 和不足 2 000 万支持 VR 的 PC，考虑到设备普及率的限制，桌面 VR 很难发展为大众市场。

相比之下，移动 VR 更有可能成为未来 VR 市场的主导。尽管目前移动 VR 的体验不及桌面 VR，但未来几年随着技术进步，体验会有所改观。和桌面 VR 相比，移动 VR

更便携，使用场景更广泛，价格也更占优势。

体验不佳、技术问题、内容 / 应用短缺、设备价格高昂是目前阻碍 VR 普及的主要原因。体验不佳是最主要障碍。技术问题主要体现在 VR 设备还无法实现完全移动化。内容 / 应用生态的繁荣需要以一定规模的硬件设备为基础，而低价是实现硬件规模的重要前提。只有降低产品售价，才能吸引更多用户购买，实现规模效应。

## 虚拟现实的落地实践

统计显示，过去 12 个月获得融资的 VR/AR 项目中，硬件、技术服务方案、视频、游戏是获得投资最多的 4 个领域。和大多数技术的产业结构相似，VR 产业链中，同样是应用层最繁荣，游戏、视频又是最主要的两项应用。

对用户而言，VR 意味着内容的全新体验；但对内容生产者而言，VR 意味着新的内容生产方式，需要全新思维和创意。在 VR 设备普及之前，创业者不适合生产大制作内容。

尽管大制作内容能够带来更出色的体验，但也需要更多成本。内容的最常见的商业模式是售卖和广告，它们都需要以大规模用户为基础。因此在规模效应形成之前，创业者不适合制作大型游戏和电影等高成本内容，投入较低、容易规模化的直播或综艺更值得尝试。

除了娱乐用途，市场成熟后，我们还会看到 VR 在其他领域的应用。目前，零售、医疗等市场已经有了代表案例。

**零售：**目前，全球电子商务市场规模为 1.5 万亿美元，占整体零售开支的 6%。高端商务市场是互联网尚未切入的空白，VR 可以借此进入。家居商品零售商劳氏（Lowe's）旗下的 6 家零售店已经采用 VR 技术来帮助消费者体验商品。消费者通过 VR 眼镜查看装饰好的客厅或厨房。

**教育：**中国在校学生人数超过 2.6 亿，占全国人口 1/5。VR 有潜力成为教育市场的标准工具，将抽象内容进行生动化表达，加深学生理解。VR 在教育市场的挑战之一在于教学内容的制作，随着学习深度加深，内容制作会更困难。

**医疗：**VR 在医疗市场的应用主要体现在两点：①帮助医生处理部分事务，解放双手；②帮助治疗部分恐惧症（如恐高症），实现辅助医疗。硬件厂商 Atheer 开发出面向医护用户的 AR 眼镜，使用者不用占用双手，可以通过手势、语音进行操作。

## 大数据应用

### 大数据应用的现状

由于移动互联网繁荣带来的数据量增长，大数据常常被人们片面地理解为海量数据。但事实上，大数据指的是大型的、分布式的结构化和非结构化的数据池。

它包含结构化数据、半结构化数据和非结构化数据。结构化数据指能够以数字或统一结构表示的信息，比如数字、符号；非结构化数据指无法用数字或统一结构表示的信息，比如图片、文本、视频；半机构化数据指字段长度可变、可以扩充的信息。

## 大数据应用的发展方向

2011 年，麦肯锡全球研究所在报告中认为完整的大数据处理系统应该包含以下元素：①分析方案，比如 A/B 测试、机器学习；②处理技术，比如云计算、数据库；③可视化结果，比如数据、图表和其他形式的数据呈现。

大数据技术横跨多个领域，它正在成长为科技行业的基础性技术。随着 Hadoop 2.0 框架推出，大数据技术可以实现实时分析，用户对即时分析海量数据的需求又推动了云端计算中心的发展。分布式资源管理系统还催生出类似 MapReduce 的分布式框架，促使 Hadoop 成为通用的数据操作系统。

## 大数据应用的代表技术

大数据正在以惊人的速度增长，几乎触及所有行业。许多企业在寻找新的创造性方法来管理和控制庞大的数据，试图挖掘其中隐藏的价值。

大数据处理被分为数据采集、数据预处理、数据存储和管理、数据分析 / 挖掘四个阶段。

根据来源，大数据通常包括 RFID 数据、传感器数据、社交网络数据、移动互联网数据。对于采用 MySQL 等关系型数据库存储的数据，通常采用 Sqoop、ETL 等工具进行数据采集。网络数据采集主要依靠网络爬虫或网站公开 API，文件数据采集则主要通过 flume 工具进行实时采集处理。

由于采集到的大数据存在缺失、过时等问题，因此处理前需要通过数据处理、数据集成、数据变换、数据规约等程序进行预处理。数据预处理通常使用 ETL、数据集成、数据分割等技术完成。

大数据的存储和管理要求建立数据库实现集中存储，便于后续统一调用。它的实现需要使用 MPP、Hadoop 等技术。

作为最终环节，大数据分析挖掘涉及数据信息提炼和结果统一呈现等步骤，需要使用可视化分析、数据挖掘算法、预测性分析、语义引擎等技术。

## 大数据应用的落地实践

专业服务是大数据技术目前最广泛的应用。它大约占整体市场的 2/5，每年可以带来 100 亿美元左右的收入。尽管一些分析认为大数据在专业服务的高收益不会持续太久，但随着应用范围扩宽、服务端收入不断增加，未来十年大数据的收入仍会持续增长。它有潜力成为一家企业创新力、生产力和未来增长空间的决定因素。

2017 ~ 2025 年全球大数据市场增长变化预测见图 3-3。

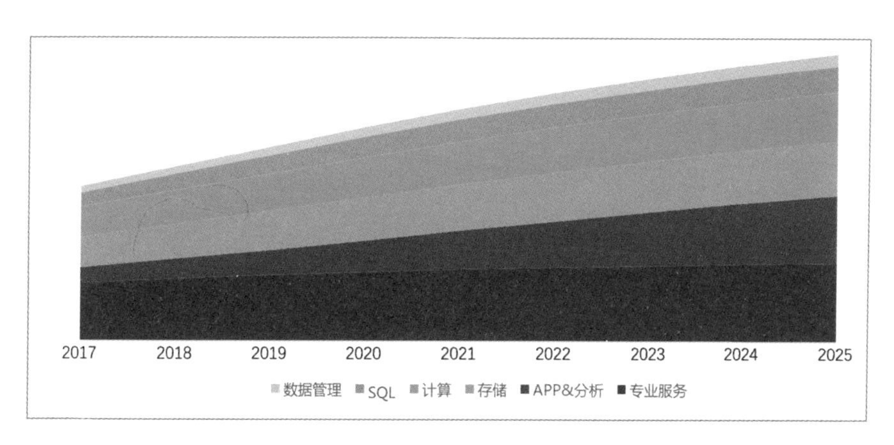


图 3-3　2017 ~ 2025 年全球大数据市场增长变化预测
数据来源：Wikibon。

大数据技术的使用分为数据层、业务层和应用层。数据层的工作主要是收集和处理数据，业务层通过建立数学模型来分析数据，应用层则是通过分析结果来辅助决策或设计产品。目前已有不少企业在健康医疗、制造、金融等多个领域开始了大数据技术的尝试。

**健康医疗：**传统情况下，健康医疗行业已经能够产生非常丰富的数据。随着移动医疗、电子医疗、穿戴式设备的普及，医疗数据的体量还将持续增长。目前大数据技术已经被用来制定个性化治疗方案，完善临床分析，参与临床风险干预和预测分析等环节。

**制造：**将大数据技术应用于制造业，可以有效地改进供应计划、提升产品质量，它也是制造业保证生产流程透明度的基础。工业 4.0 时代，为了使设备真正透明化，人们提出了"预测性制造系统"。它是一种接近于零停工期的应用方案，可以让设备拥有"自省"能力，最终预防产能、效率、安全性等方面的潜在问题。预测性制造系统同样需要大数据的支持，除了要获取压力、振动、电流等数据，还需要通过现金的预测工具将庞大的系统数据转化为有限信息。

**金融：**大数据在金融中的应用主要是金融交易，银行也可以通过大数据技术优化运营、绘制用户、管控风控和进行精准营销，通过分析用户的存取款习惯，个性化地推荐理财套餐。

## 大数据应用的未来趋势

大数据拥有惊人的增长速度，几乎涉及所有领域。它应用广泛，同时又具有长久的商业力，是出色的长期投资标的。

不仅是大公司，中、小型公司同样需要关注大数据技术。它不但能提高信息透明度和可用性，还能细分用户，便于中、小型企业更精准地定制产品或服务。虽然很多大数据公司能够提供现成的解决方案，但是在技术能力允许的情况下，企业还是更应该自行开发方案，来针对性地解决自身问题。

# 汽车科技

## 汽车科技的现状

科技公司涉足电动汽车制造最早源自特斯拉。2009 年，特斯拉推出纯电动车 Model S，获得巨大关注。随后，越来越多的科技公司开始投身汽车市场，苹果、乐视都在其中。

汽车的生产过程与智能手机相似。理论上，它们都是先设计产品原型，通过供应链采购原料，然后交给代工厂装配生产，最后由原厂商进行产品的销售和授权销售。

随着智能手机和移动互联网增速放缓，汽车有希望成为科技公司新的业务增长点。除了硬件生产销售，汽车制造还涉及导航、交互等软件服务。制造电动汽车可以让科技公司将过去在语音、地图、导航、软件等应用层面积累的优势接入到汽车中，从而创造出一个巨大的市场。

## 汽车科技的发展方向

目前，科技公司在汽车产业的尝试主要有 4 个方向：

（1）制造电动汽车。电动汽车的制造比燃油汽车更简单，它还能解决汽油紧缺和污染问题，容易获得政策支持。

（2）通过无处不在的打车服务替代用户的买车需求。Uber、滴滴等公司正在尝试此方案。根据麦肯锡 2016 年 6 月公布的对中国消费者的调查，租车、汽车共享等服务确定能够减少部分消费者的购车欲望。

（3）研发无人驾驶技术。无人驾驶能够释放驾车者双手，从而可以从事其他事务。汽车将会成为重要的消费场景。谷歌是研发无人驾驶技术的主要科技公司。

（4）用于改善现有车辆体验的支持性技术。和破坏性的科技公司造车计划不同，支持性技术主要针对现有车辆研发，用于提升汽车性能、效率、安全性。代表性的汽车技术为：辅助驾驶软件、驾驶员安全工具、车队通信服务等。

## 汽车科技的代表技术

无人驾驶技术是目前最具代表性的汽车科技。除了谷歌、特斯拉等科技公司，宝马、凯迪拉克、雪佛兰等传统汽车厂商同样在不遗余力地投入无人驾驶研发，进行技术投资、兼并和合作。

创业公司的技术主要集中于汽车的具体领域，包括汽车传感器制造、汽车自动化系统、V2V/V2X 智能交通系统、车联网及车联网安全等。

一些创业公司还从事汽车核心元件的制造或技术研发，比如 Solid Energy、Pinnacle Engines 等。这类公司的技术被用来改善汽车电池容量，提升发动机效率，增加轮胎耐磨、减震和负重等性能。

## 汽车科技的落地

随着科技公司在汽车产业的深入，新的问题开始暴露出来。2016 年 9 月，苹果传出暂时取消造车计划，转向研发自动驾驶系统的消息。透过苹果在汽车产业的最新变化，能看出科技公司制造汽车时至少会遇到以下问题。

**配套设施难建设：**城市土地资源紧张，不论建设公共充电站还是改造停车场，都将面临车位紧张、改造成本高等问题。

**利润低：**和科技产业不同，汽车产业的利润其实并不高。丰田作为汽车产业的代表企业之一，目前利润率只有 10% 左右。相比之下，谷歌的利润率约为 30%，苹果的利润率接近 40%。制造汽车所需的钢材、橡胶等原料的利润同样不具有半导体芯片的高利润。

**缺乏合适的代工厂：**汽车产业供应链中没有富士康式的代工厂，在保证产品质量的同时愿意接受厂商的强势控制。福特 CEO 马克 · 菲尔兹曾公开表示不会和苹果、谷歌这样的科技公司合作，不愿让车载系统成为手机一样的生意。

**供应链不具优势：**手机制造业中，类似苹果等厂商对供应商可以拥有很强的控制力；但在汽车制造业中，博世、爱信等配件供应商拥有更强的话语权。

2010 年，随着越来越多的科技公司关注汽车产业，汽车科技市场的投资也变得越来越多。但 2013 年以后，汽车科技市场的投资开始下降。回顾 2010 ~ 2015 年汽车科技市场的投资，它们多数停留在初期。资本对科技公司涉足汽车产业的态度仍然很谨慎，市场仍未到爆发期。

2010 ~ 2015 年全球汽车科技创业公司融资分布见图 3-4。

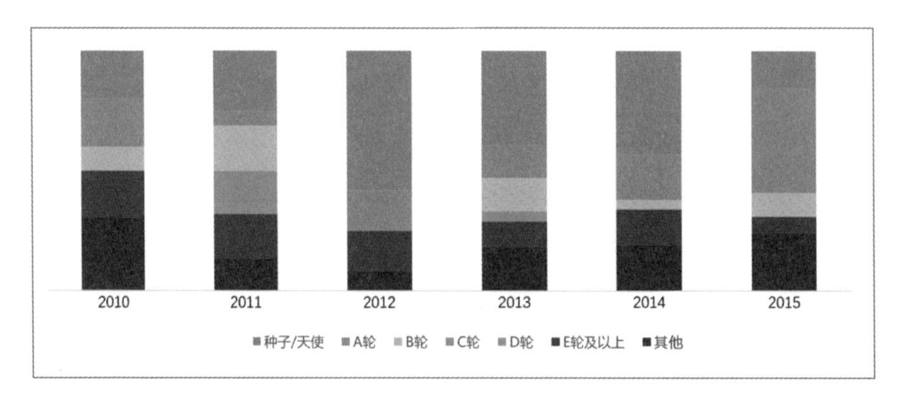


图 3-4 2010 ~ 2015 年全球汽车科技创业公司融资分布
数据来源：CB Insights。

科技公司强调速度、效率、规模效应，相比制造汽车，开发用于汽车的软件和应用是它们更擅长的方向。目前市场上，汽车科技创业公司的方向主要集中在：

通过提供专业技能为汽车公司改善效率、减少成本，比如开发电池管理系统的 envia、降低电机成本的 ePower。

涉足汽车公司不擅长的技术死角。车联网越来越普及，但很多汽车厂商还无法实现数据的实时传输和分析。Viniam、Savari 等创业公司目前就将车辆联网后的数据传输、网络部署作为研发重点。

## 汽车科技的未来趋势

汽车制造涉及更复杂的供应链管控和土地、充电桩等配套资源建设，它要求制造者具有足够的资金支持和强大的控制力。市场中同时满足以上要求的科技公司非常少。

汽车制造业的低利润也会影响科技公司造车的积极性。生产智能手机时，由于芯片、闪存属于技术密集型元件，实际制造成本很低，因此手机可以实现很高的利润。但制造汽车所需的橡胶、钢材源自天然材料，利润率偏低，最终造出汽车的利润率也远远低于智能手机。

相比之下，开发用于汽车的软件和技术方案更适合科技公司。为车商提供技术服务是比工业制造更合适科技公司的定位，从业者可以尝试以此进入汽车领域。

SHARE
<SEO>
ENTER

Analysis
BLOGxx
Follow!

# 04 第四章

# 用户与市场
## 消费升级

本章分析师：**王鑫**

## 消费升级成为互联网转型期的“护航者”

早在 21 世纪初，中国消费市场就进入了“第三次消费升级”阶段。但自 2015 年开始，“消费升级”趋势再度成为全行业关注的焦点。具体参见表 4-1。

表 4-1　　城乡居民三次消费升级

| | 第一次消费升级 | 第二次消费升级 | 第三次消费升级 |
|---|---|---|---|
| 时间段 | 20 世纪 60 年代至 80 年代末 | 20 世纪 90 年代初至 90 年代末 | 21 世纪初至今 |
| 代表商品 | 自行车、手表、缝纫机、收音机 | 彩电、电冰箱、洗衣机、空调 | 汽车、住房、电脑、手机 |
| 目标 | 温饱型 | 由温饱向小康 | 发展享受型 |
| 持续时间 | 20 多年 | 10 年左右 | 未知 |

这背后到底发生了什么？我们将“消费升级”升温的背景原因归结为以下几点。

## 消费缓解了中国经济下行压力

拉动经济发展的“三驾马车”中，投资和出口增速放缓，消费对经济增长的贡献率近年来持续提高，缓解了经济下行压力，因此被称为经济稳定运行的“压舱石”。2016年上半年，消费对经济增长的贡献率达到了 73.4%，具体见图 4-1。

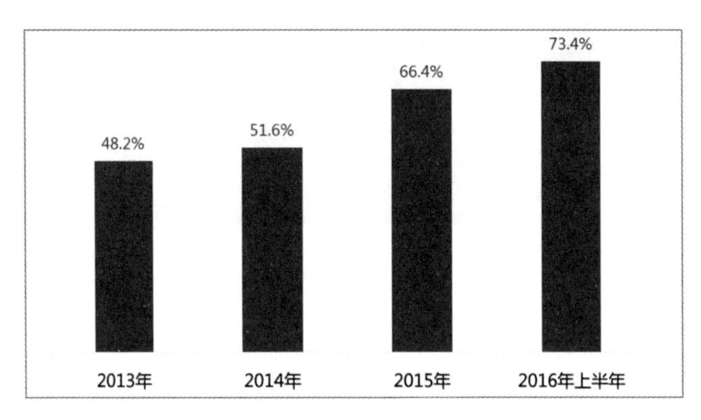


图 4-1　消费对经济增长的贡献率持续提高
数据来源：中国国家统计局（2016 年 10 月）。

## 中国人消费能力和潜力依旧旺盛

中国人保持了旺盛的消费需求，尤其在旅游、汽车、智能手机等领域表现突出。截至 2015 年年底，中国游客已连续四年在出境游人均消费中位居世界第一位；中国汽车产销量连续七年位居世界第一。虽然智能手机在中国的销量放缓，但这里依旧是智能手机的全球最大市场。

## 中国人消费需求特征发生转变

按照 2014 年年底中央经济工作会议上的总结，中国人此前的消费需求具有明显的“模仿型排浪式”特征，主要表现为一段时间内集中购买一类或几类商品，类似于别人买什么我也买什么，像电器、汽车、住房消费等。

但从 2015 年开始，中国人逐渐告别了这种蜂拥追逐式的消费阶段，开始呈现出追求更好品质、个性化和多样化的消费需求，个体选择的差异性越来越明显。

## 中国人消费渠道继续向线上转移

中国人消费对网络渠道的依赖程度继续加深。除了 4.48 亿的网购用户群，网上外卖用户（1.5 亿）、网上旅行预订用户（2.64 亿）、网络理财用户（1.01 亿）、手机支付用户（4.24 亿）的规模都在持续增长。2016 年上半年，中国实物商品的网上零售额同比增长 26.6%，增速比社会消费品零售总额增速高出 16.3%。

## 中国人消费信息获取依赖社交网络

中国是全世界社交网络分享最活跃的地区之一。社交网络对中国人消费的影响程度也在不断加深。尤其在引发消费动机方面，其影响力开始超过传统广告渠道。

除了将社交网络作为商品购买的渠道，中国消费者还会在社交网络上关注他人购买的商品和相关评价、订阅购物指南类个人或媒体社交账号、查询网友对商品的评测和推荐信息，甚至会分享自己的购物经验。信息获取渠道的丰富使得企业的营销方式发生改变。

总体上，对“消费升级”趋势关注的升温在互联网行业表现突出，大批创业公司和投资人在寻找这一波趋势下的市场机会。手机支付、网络海淘、手机叫车、网络外卖、网上旅行预订市场在近两年增速较快，是消费升级的典型领域。未来机会在何处？现有市场的提升方向是什么？接下来，企鹅智酷从用户消费调研中，给出参考建议。

## 新一轮消费升级的受益产业

根据国家统计局给出的中国居民人均消费支出数据，2016 年第 3 季度，居民人均消费同比增加了 8.5%。其中，教育文化娱乐消费、医疗保健消费、交通通信消费的增长速度更快，同比增长了约 10% 甚至更多。具体参见图 4-2。

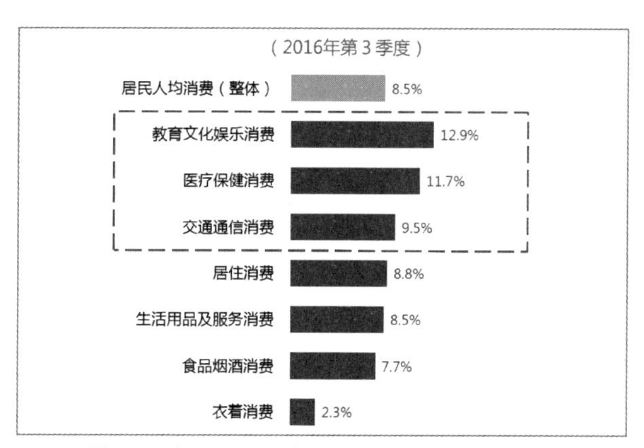


图 4-2　中国居民人均消费支出在各领域同比增长幅度

数据来源：中国国家统计局（2016 年 10 月）。

第三次消费升级的特点表现为倾向于个人发展享受型的商品和服务消费。整体数据印证了这一趋势。

若细分到更具体的商品和服务，企鹅智酷选取了有代表性且行业关注的 14 个领域，从针对中国网民的调查数据中，直观看出哪些行业受益于这一轮的消费升级。

### 消费明显增加领域：外卖、中高端数码产品和交通出行

过去一两年，网民的消费升级表现中，外卖是消费明显增加中占比最高的领域，25.2% 的网民表示在该领域的消费有增加。其次为中高端数码产品（22.7%）和交通出行服务（20.9%）。

外卖和交通出行的消费渠道在过去两年迅速向移动互联网迁移。手机订外卖和手机打车提供的便利性获网民认可。具体参见图 4-3。

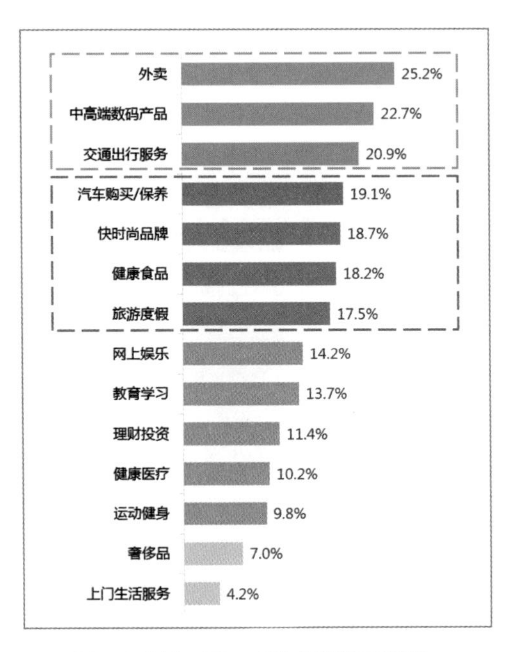


图 4-3 过去一两年，哪些领域消费明显增加
数据来源：企鹅智酷调查（2016 年 10 月）。

中高端数码产品的消费增多说明，用户开始愿意为生活中不可缺少的手机设备支出更多钱。尼尔森 2016 年 9 月监测数据显示，相比 2015 年 12 月，2 000 元及以上的中高端手机市场份额增长了 7.2%，1 000 元至 1 999 元的手机份额下降了 2.05%，1 000 元以下的手机份额下降了 5.15%。

汽车购买和保养、快时尚品牌（如 Zara、优衣库）、健康食品、旅游度假的消费增加属于第二阵营，消费增长了的用户占比集中在 18% 左右。这一阵营的消费多体现用户在消费内容和消费理念的转变，即对时尚、健康、休闲消费的重视。

不同地域网民在不同领域的消费差异见图 4-4。

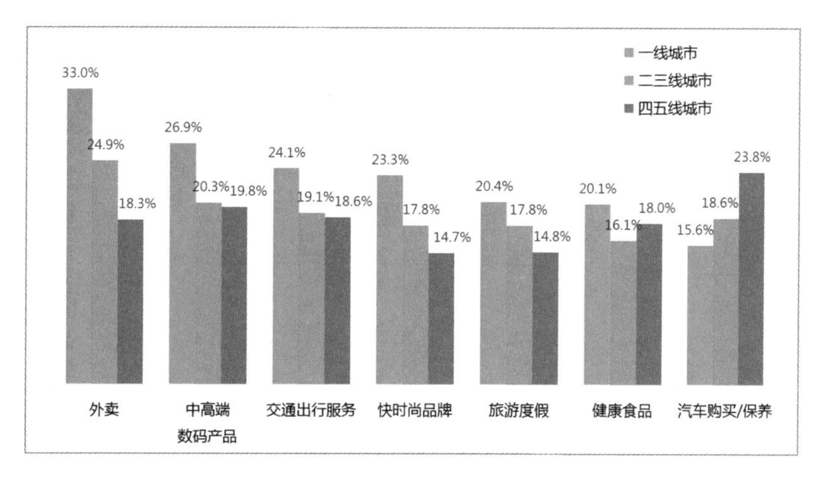


图 4-4　不同地域网民在不同领域的消费差异
数据来源：企鹅智酷调查（2016 年 10 月）。

不同地域网民在消费升级表现中，一线城市的消费支出普遍高于其他城市，但在汽车购买 / 保养方面，由于存在限购、城市路况拥挤和车牌限制，消费支出不及二三线和四五线城市。四五线城市在汽车方面的消费支出增长迅速。此外，在健康食品和旅游度假方面的消费，不同城市间的支出差异缩小。

## 用于消费升级的支出占比不断扩大

中国居民消费支出占比最高的领域仍集中在食品烟酒消费和居住消费。根据国家统计局的数据，这两项的占比总和超过了一半，具体见图 4-5。但正如上文指出，交通通信、教育文化娱乐和医疗保健的消费支出增速较快，未来占比会进一步扩大。

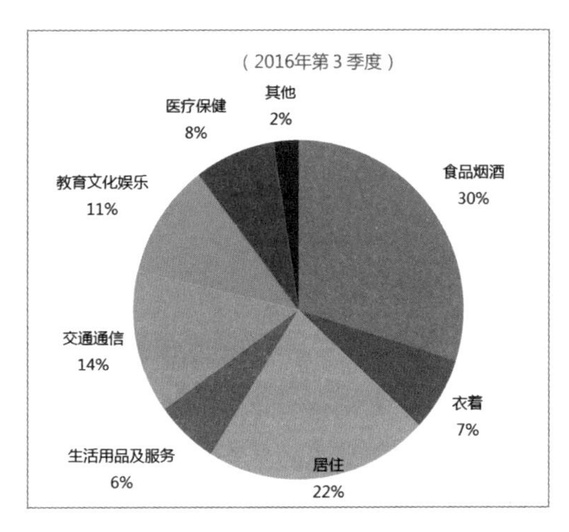


图 4-5　中国居民人均消费支出在各领域占比
数据来源：中国国家统计局（2016 年 10 月）。

从对中国网民的调查数据来看，28.2% 的网民表示会将一到三成的收入用于消费升级，35% 的网民会支出 30% 以上的收入用于消费升级，具体见图 4-6。网民收入中用于消费升级的支出占比表现出上升趋势和上升空间。

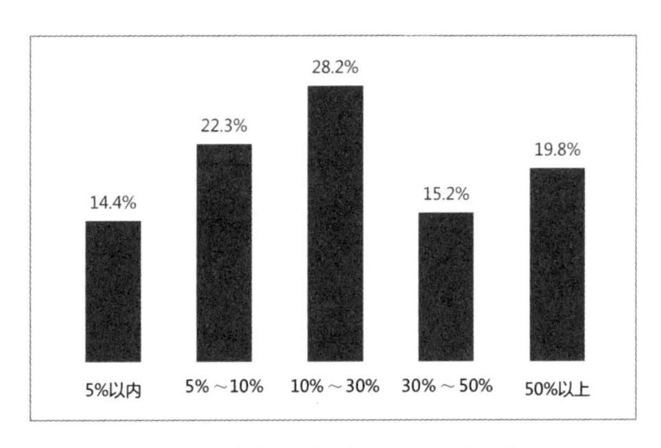


图 4-6　消费升级支出在个人收入中的占比
数据来源：企鹅智酷调查（2016 年 10 月）。

## 消费升级的主要驱动力是提升生活品质

接近四成网民表示，他们进行消费升级的主要原因是提升生活品质。其次为日常需求增加，比如对数码产品的使用、汽车的使用、网上视频观看的需求增加后，这方面的消费支出随之上升。具体见图 4-7。

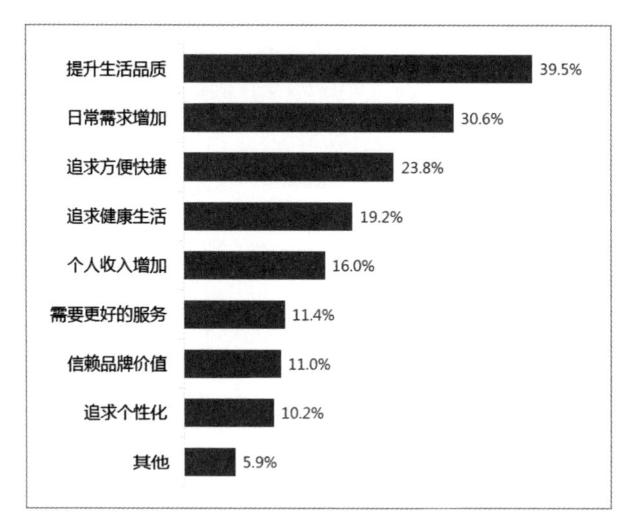


图 4-7 用户进行消费升级的原因

数据来源：企鹅智酷调查（2016 年 10 月）。

追求方便快捷是消费升级原因中值得科技圈人士关注的方向。在这个层面上，科技类产品具备优势。

不同收入人群在消费升级原因上表现出差异（见图 4-8）。将月收入 3 000 元以下和月收入 15 000 元以上的网民进行对比可发现，收入越高，对于生活品质的提升需求会显著扩大。而在因日常需求增加和追求方便快捷方面，不同收入人群之间的差异并不明显。

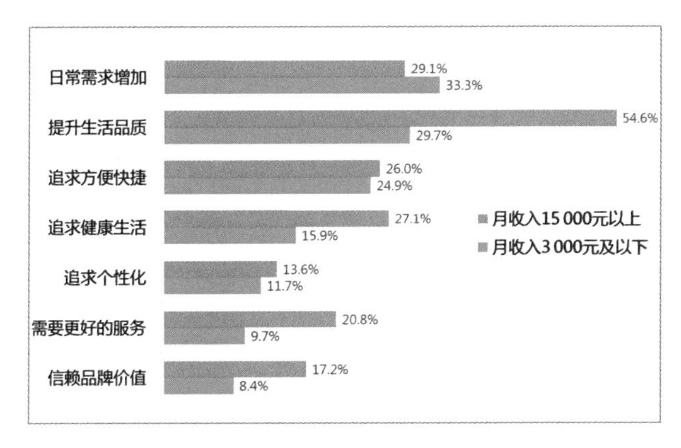


图 4-8　不同收入人群的消费升级原因差异

数据来源：企鹅智酷调查（2016 年 10 月）。

## 消费升级强依赖于线上渠道

在消费升级支出的渠道上，接近一半的网民表示对线上渠道的依赖程度更高。线上线下两者差不多的占比为 37.9%，更依赖于线下渠道的网民只占 14.4%，具体参见图 4-9。

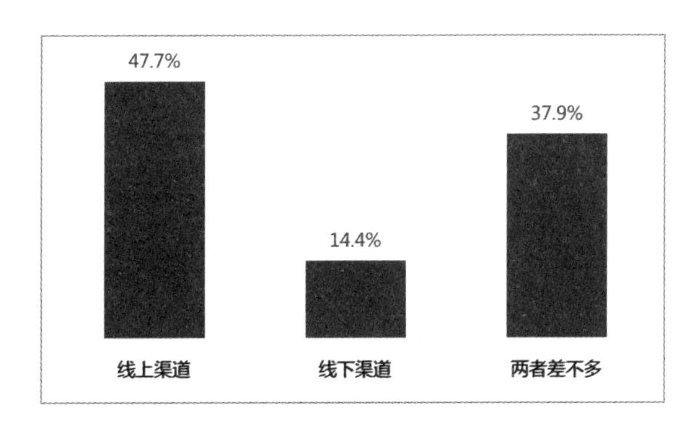


图 4-9　进行消费升级对不同渠道的依赖程度

数据来源：企鹅智酷调查（2016 年 10 月）。

从不同地域表现看，随着地域下沉，对线下渠道的依赖度有较明显的上升趋势，见图4-10。

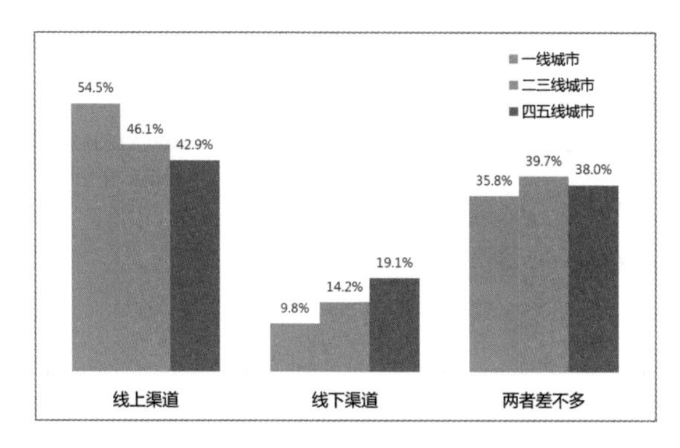


图 4-10 消费升级在线下渠道支出随地域下沉增加
数据来源：企鹅智酷调查（2016 年 10 月）。

## 会员服务在消费升级中受到更多关注

在这一轮的消费升级趋势下，会员服务受关注程度上升。有三成网民表示最近一两年有购买更多的会员服务，有两成网民相比以前更关注会员服务，具体见图 4-11。

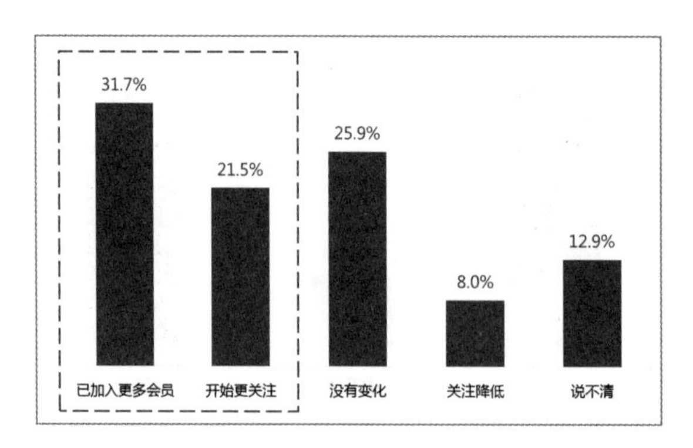


图 4-11 用户在消费时对会员服务关注度上升
数据来源：企鹅智酷调查（2016 年 10 月）。

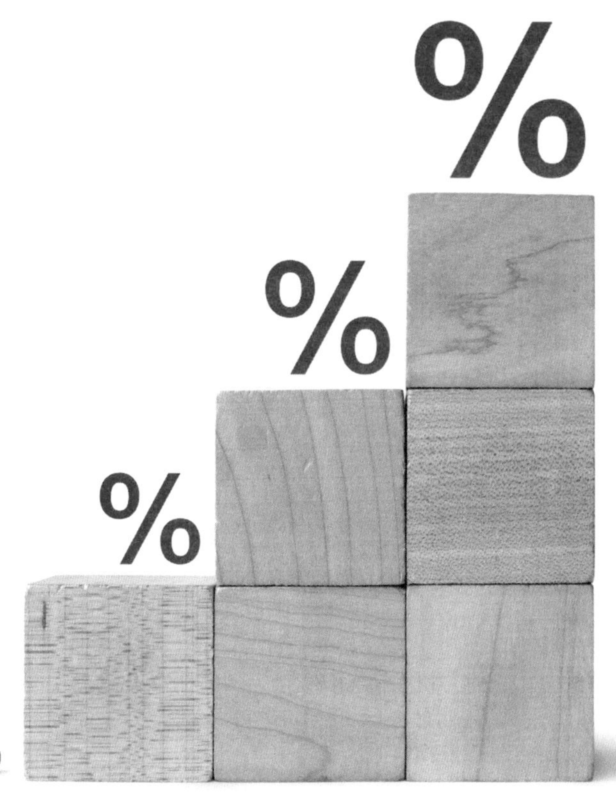

会员服务的价值不仅在于提升用户对品牌的忠诚度和黏性，更值得深挖的方向是对不同消费程度的用户进行分层消费刺激，比如会员服务中的等级制。未来，搭建会员服务体系会成为更多企业的业务之一。

## 消费升级中的互联网市场

互联网在消费升级中的核心作用在于改变了人们的消费方式。快捷便利、扩大商品和服务的可选品类、降低消费成本等是其吸引用户的优势。

从另一方面看，虽然用户和交易迅速向网上迁移，但也出现了不均衡发展的问题，包括商品和服务质量不稳定、覆盖地域有限、部分传统垂直服务向网上迁移较慢、部分企业追求短期业绩使服务难以维持等缺陷。总体上，互联网对消费升级的刺激才刚进入繁荣阶段，未来可升级和待探索的领域依旧广阔。

### 线下消费使用手机支付在过去一年增速明显

在过去一年消费方式变化明显的行为中，线下消费用手机支付增多在网民中表现最明显，在网民中的占比达到了 58.1%。海淘购买商品的变化也较突出，在网民中的占比为 37.6%。其次为网上分期贷款买东西（26.6%）和购买视频会员看剧 / 电影（24.5%）。用智能电视 / 盒子看视频和网上付费学习知识的增长普及有限，仍只限于细分群体中。具体参见图 4-12。

各类消费方式的变化在不同群体中表现出差异，一些消费方式的差异在地域上更明显，一些则表现在不同年龄段群体中。

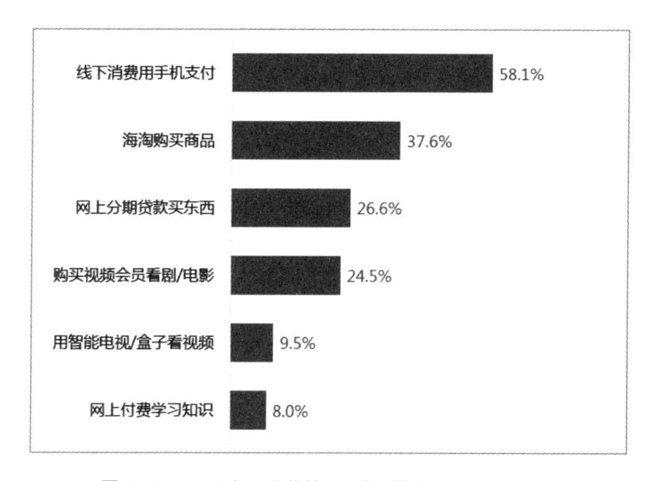


图 4-12　2016 年，哪些基于互联网的消费方式明显增加

不同地域的网民消费方式差异：线下消费使用手机支付在一线城市网民中突出，随着地域下沉，在网民中的占比出现下降；海淘在过去一年，其二三线和四五线城市群体增长更为明显。具体见图 4-13。

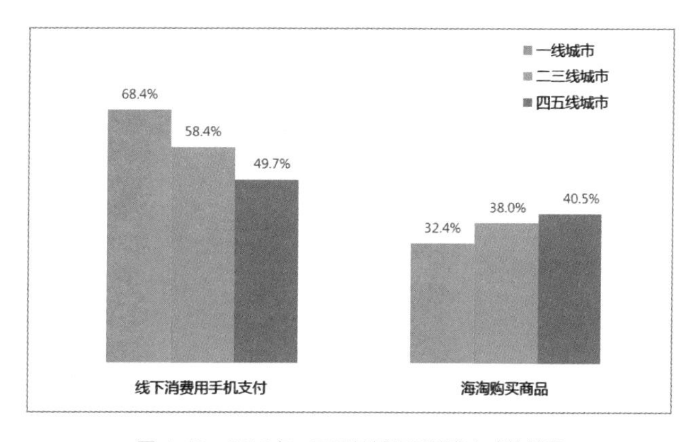


图 4-13　2016 年，不同地域网民消费方式的差异
数据来源：企鹅智酷调查（2016 年 10 月）。

不同年龄段的网民消费方式差异：网上分期贷款买东西更为集中在 21 岁至 25 岁的网民中，购买视频会员则在 25 岁以下的年轻网民中活跃，用智能电视终端看视频集中在年长用户中，网上付费学知识则在那些有 5 年以上工作经验的人中表现稍突出。具体参见图 4-14。

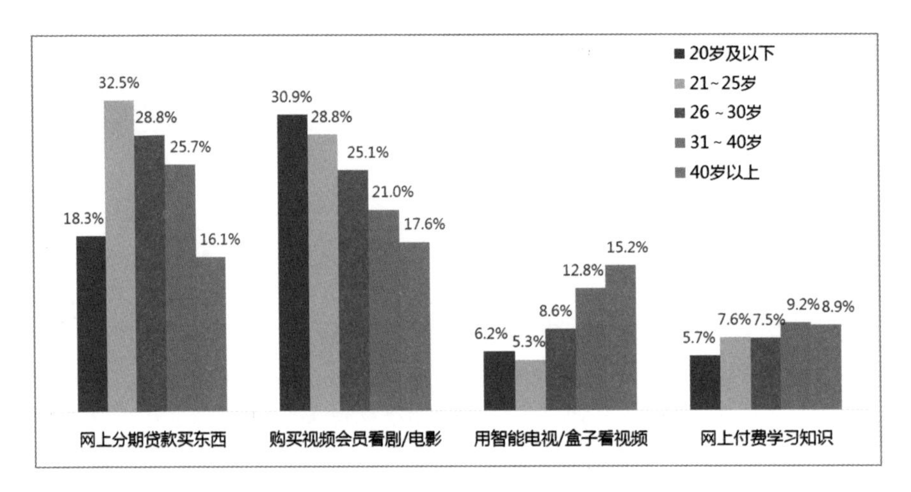


图 4-14 2016 年，不同年龄网民消费方式的差异
数据来源：企鹅智酷调查（2016 年 10 月）。

## 互联网对消费方式的改变，最让人满意的是使用方便

追求“以用户体验为中心”的互联网产品让用户感受到了它在提供服务时的快捷和方便。76.5% 的网民认为互联网上的消费最让他们满意的是使用方便。其次是让消费有了更多的选择且获取容易。具体参见图 4-15。

擅长以价格优惠来吸引用户的营销模式，也让网民感受到了网上消费带来的“成本降低”特点。

但在质量提升方面，互联网消费并没有让用户普遍感到满意，仅有 13.4% 的网民选择此项。

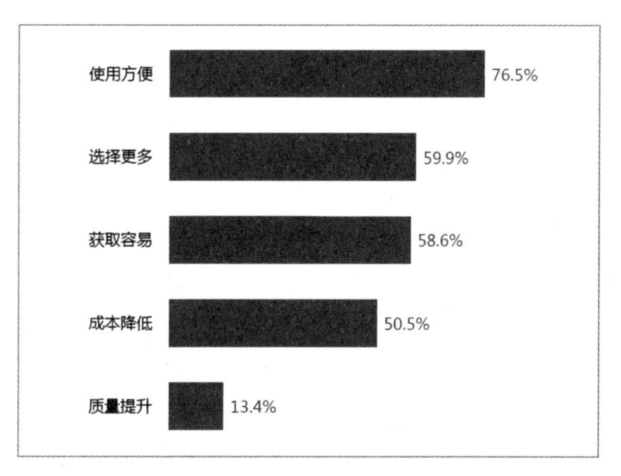


图 4-15　通过互联网改变消费方式，你最满意哪些方面
数据来源：企鹅智酷调查（2016 年 10 月）。

## 互联网改变消费，最大的问题是质量不稳定

商品和服务质量问题最受网民关注，而近年来普遍被提及的网购假货、外卖不卫生、网购机票不出票、智能产品质量缺陷等问题，也反映了企业在利用互联网渠道提供服务时，仍存在众多质量管理方面的不足。为此，56.7% 的网民反映，通过互联网改变消费方式时，质量不稳定是最主要的问题（见图 4-16）。

也有 37.5% 的网民反馈，还有一些消费目前并不能通过互联网上获取。这也是痛点之一。

仅有 3.6% 的网民认为利用互联网消费时学习难度高。由此可见，互联网消费想要进入人们的日常生活中，其基本不存在学习方面的门槛。

CYBER MONDAY
Big Sale

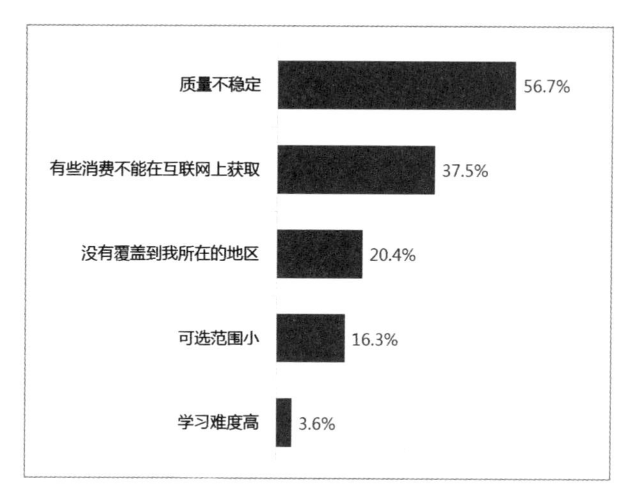


图 4-16　通过互联网改变消费方式，你遇到了哪些问题
数据来源：企鹅智酷调查（2016 年 10 月）。

## 展望未来：购买日常消费品全面向线上转移，教育医疗线上渗透慢

展望未来两三年的消费趋势，七成网民表示购买日常消费品会更多通过互联网完成。其次是出行和和餐饮外卖，用户占比接近一半。旅游和娱乐的消费更多向线上转移，已接近四成。

生活服务、智能家居和金融的消费集中在部分用户群中，占比接近三成。汽车购买服务、教育、医疗仍将强依赖于线下。具体参见图 4-17。

细分到不同年龄段的网民，年轻人群体在互联网娱乐上的消费意愿更高，而在旅游和金融领域，不可忽视的是年龄偏高的人群，尤其是 40 岁以上的用户，他们对互联网上旅游和金融产品的消费意愿更强。具体见图 4-18。

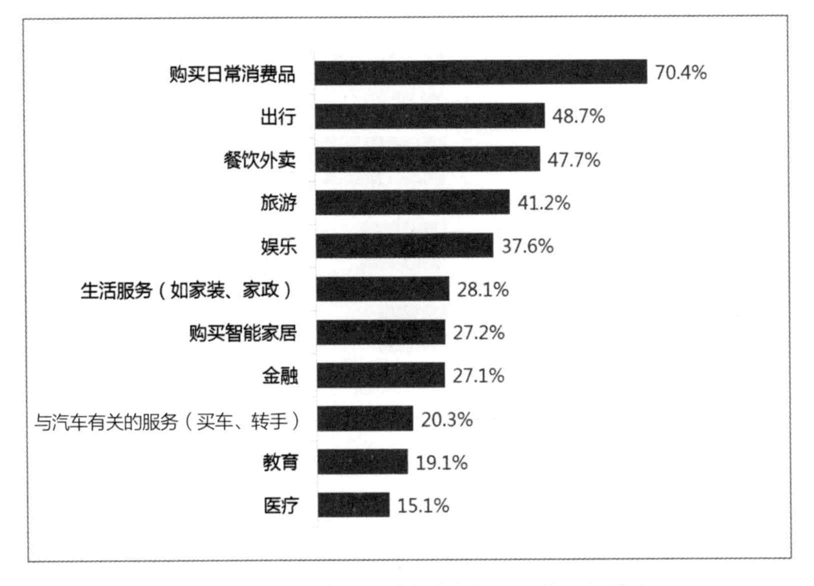


图 4-17　未来两三年，哪些领域消费会更多通过互联网完成
数据来源：企鹅智酷调查（2016 年 10 月）。

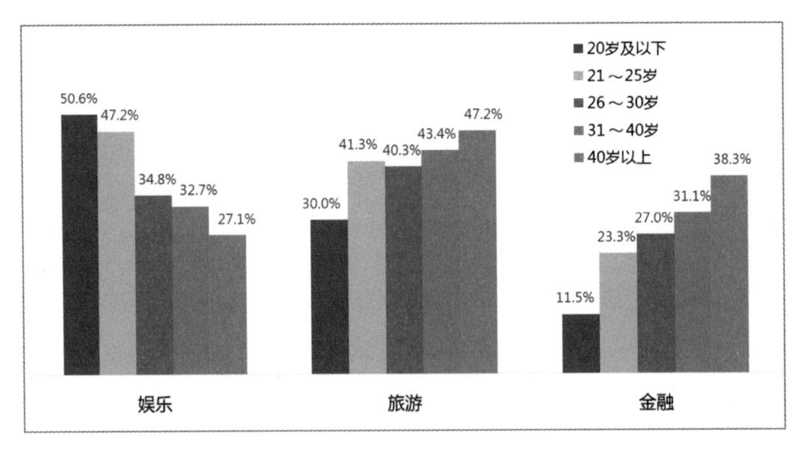


图 4-18　未来，不同年龄网民通过互联网消费的领域差异
数据来源：企鹅智酷调查（2016 年 10 月）。

## 消费升级“彩蛋”：互联网消费别忽视这两个群体

少年儿童和老年人是网民群体的新生力量。按照网民年龄结构分布，10 岁以下儿童群体与 40 岁以上中高龄群体的占比增长，互联网向这两个年龄群体逐渐渗透。具体参见图 4-19。

与此同时，老年抚养比，即 65 岁以上的老年人口在劳动力人口中的占比从 2011 年的 12.3% 上升到了 2014 年的 13.7%，人口老化现象加重。无论是满足父母辈的消费需求，还是父母尝试通过互联网独自消费，这一批细分人群的消费内容都会通过互联网实现升级。

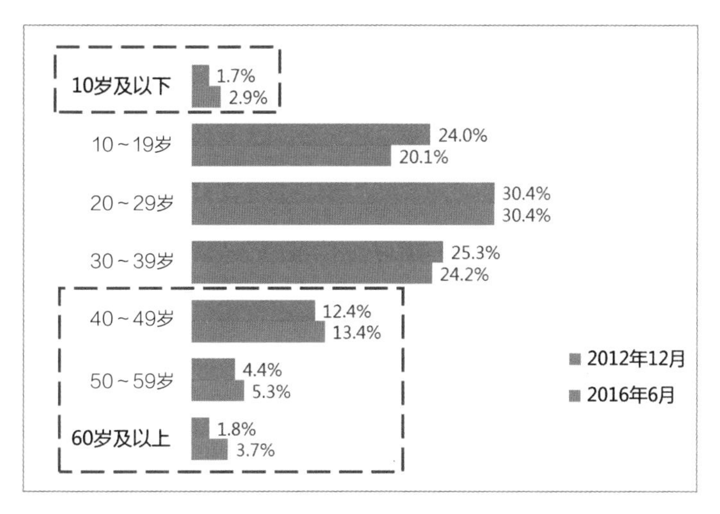


图 4-19　中国网民年龄结构变化
数据来源：CNNIC（2016 年 7 月）。

在考虑通过互联网满足儿童消费的网民中，有 63% 的网民倾向于购买智能学习设备，一半人会考虑海淘买生活用品和选购网上教育课程（见图 4-20）。在为孩子消费的意愿上，中国人体现出较强的动力跟上消费升级趋势。

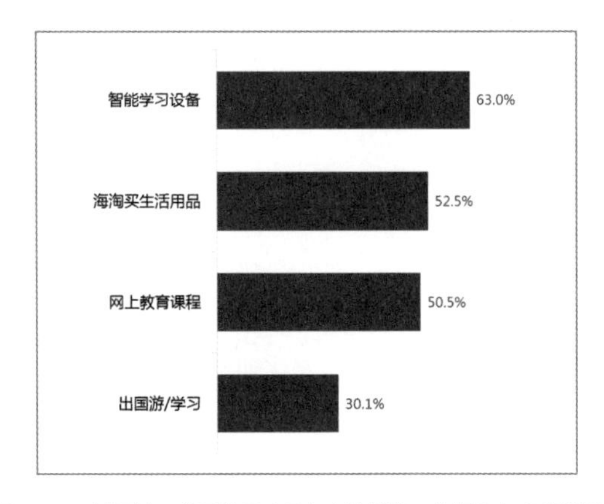


图 4-20 若通过互联网满足孩子身上的消费，你倾向考虑哪些因素
数据来源：企鹅智酷调查（2016 年 10 月）。

在满足老年人的消费上，医疗是最被重视的领域，占比也超过了六成。其次为智能家电、看护服务和旅游（见图 4-21）。但实际上，市场的服务现状还未能满足中国人的消费需求。尤其是医疗在互联网长期处于升级成本高、升级速度较慢的状态下。

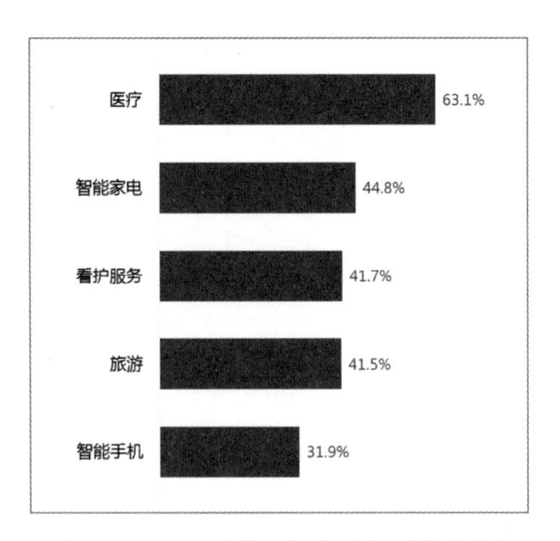


图 4-21 若通过互联网满足老年人身上的消费，你倾向考虑哪些因素
数据来源：企鹅智酷调查（2016 年 10 月）。

MEDICAL
EDUCATION

来自京东的数据表明，互联网消费已经向低龄和高龄用户群渗透。京东白条用户中，15 岁至 18 岁用户的占比在 2014 年至 2016 年两年间增长了 18 倍，56 岁以上用户占比增长了 9 倍。具体参见图 4-22 和图 4-23。这种带有互联网金融属性的“先消费、后付款”消费方式，不仅仅吸引了 25 岁到 35 岁的主力用户，高中生、老年人群体都成了有望拓展的潜力人群，他们将是消费升级群体中不可忽视的增量部分。

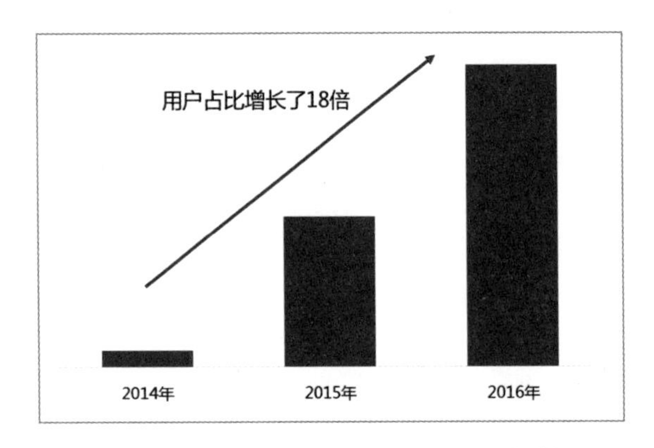


图 4-22　15 ~ 18 岁用户在京东白条用户中占比增长
数据来源：京东大数据（2016 年 10 月）。

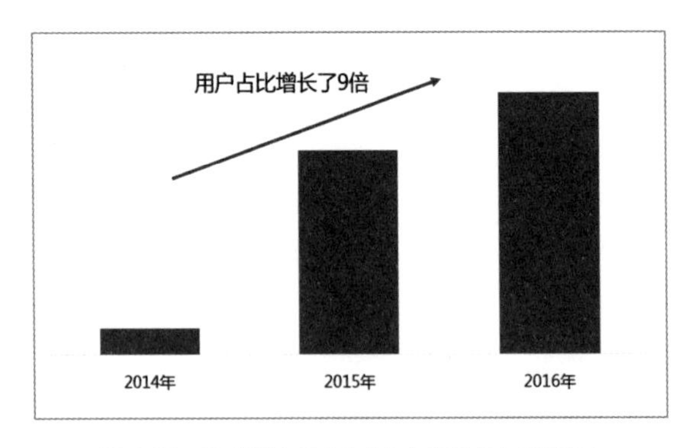


图 4-23　56 岁以上用户在京东白条用户中占比增长
数据来源：京东大数据（2016 年 10 月）。

此外，三四线、五六线城市用户也是网络消费升级中的重要增量用户群。这类群体在网购用户中的占比上升明显。京东用户数据显示，其一二线城市用户占比数在近两年下降了 20%，而五六线城市的用户占比数增长了 40%。具体参见图 4-24。

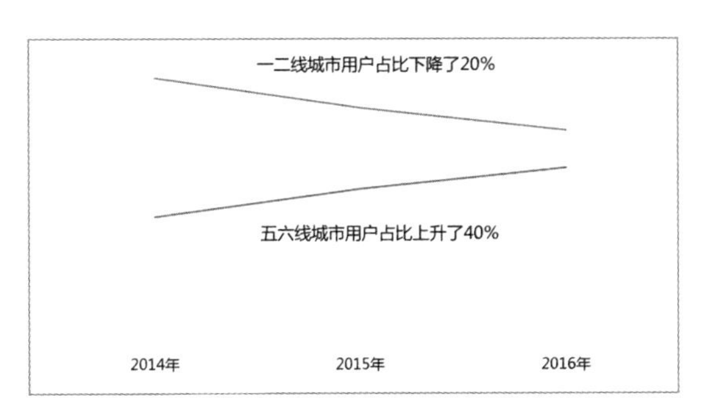


图 4-24　京东不同地域用户占比发展趋势
数据来源：京东大数据（2016 年 10 月）。

如何刺激这些网购中的新增消费人群，是对产品和运营智慧的极大考验。从当前的消费数据看，首要原则即按照他们各自的消费特征设计运营方案。比如对价格的敏感性更高、网购物品偏日常生活必备品，或者如年轻人爱买手机和零食、老年人爱买清洁用品和米面杂粮，在这些购物过程中，增加品类并辅以相应的优惠刺激，有助于吸引消费者尝试新的消费方式。

# 05 第五章

# 全球化
## 中国式出海

本章分析师：**徐安娜 孙宏超 纪振宇 王钟婉**

本 章 顾 问：**俞永福 余承东 刘作虎 傅盛 李涛 胡勇**

## 行业领袖洞察

**俞永福**　阿里移动事业群总裁、阿里巴巴影业集团董事局主席

“中国公司做国际化业务，首先要回归做业务和产品的初心，更多地考虑如何给全球或当地的用户带来价值。其次，还需要考虑如何跟本地和全球合作伙伴共赢，建立一个可持续发展的生态系统，而不是追求短期的用户增长或激烈竞争。海外的蛋糕很大，但需要耐心。”

**余承东**　华为消费者业务 CEO

“华为不像思科通过大笔收购方式进行海外市场扩张，我们会对海外一些小型优质的企业进行收购。一方面是因为非上市公司通过大笔资金来收购，对经营现金流压力非常大；另一方面也考虑到收购后整合的风险，所以很多时候更多是靠自身能力来发展。”

**刘作虎**　一加科技创始人、CEO

“从成立第一天起，就做国际化，并无任何国界思维的限制。在国际化方面有两个经验，一是要拿捏好国际化扩张的速度，二是推出的新产品要考虑用户对你的定位。”

**傅盛** 猎豹移动联合创始人、CEO

“在搭建了强劲的工具产品矩阵，获取了海量用户和全球分发能力后，猎豹利用大数据为商业化变现提供技术支撑。”

**李涛** APUS 创始人、CEO

“唯有做生态，才能让你的用户系统更加丰富，满足用户所有的需求。”

**胡勇** 百度国际事业部总经理

“具有互联网相关产业生态的国家更具深耕价值。百度国际通过深耕本地市场、销售、运营等方式的积累，形成了平台，并最终培养出大生态下的小生态。”

## 中国企业的全球竞争力：输出特色商业模式

在 PC 互联网时代和 IT 时代早期，中国互联网公司在参与欧美国家主导的全球生态中缺乏竞争优势；但到了移动互联网时代，中国模式创新层出不穷，有些玩法甚至领先于美国。

移动互联网公司将中国创新模式批量复制到全球( Copy to Global )的浪潮正席卷而来。

PC 互联网时代耕耘国际化，本土化能力要求极高；而在移动互联网时代，由于 Facebook、Twitter、LinkedIn 等社交应用已在全球构建了生态，采用广告为导向的商业模式，中国企业工具类产品推广门槛降低。

云计算技术使得企业全球化开拓的成本大幅降低，快速部署业务的能力使得快速试错、快速调整成为可能。

市场竞争是促进全球化的一个重要力量。很多在本土面临大公司竞争压力的企业，转向去新兴市场反而可能获得更大的成功；如智能手机领域随着国内市场日益饱和及洗牌期的到来，很多手机厂商将全球化视为“弯道超车”的机会。

### 工具类产品转型至内容类平台，下一站构建生态

☆案例 1：百度

百度国际化推出了一系列工具类产品，如安卓优化大师、点心省电等。在全球积累了 16 亿用户，月活 3 亿。主要集中在印度、东南亚和美国等地，约 30% 的营收来自用户量不算大，但流量价值很高的美国市场。

同时，百度借用国内市场的打法，根据各地市场的需求为用户打造量身定制的产品，如在巴西做团购 O2O，在印尼做视频秀场类产品，在东南亚和韩国做魔图，未来还将在日本推出自媒体内容平台。

百度国际事业部总经理胡勇认为，在 Google、Facebook、Apple、Amazon 覆盖下的全球市场中，具有互联网相关产业生态的国家更具有深耕价值。

☆案例 2：猎豹

猎豹是典型的“先全球化再本土化”的公司，早期通过工具类产品全球化，单点突破，推出猎豹清理大师，然后打造工具类产品矩阵，同时实现工具类产品和轻游戏的变现。

2016 年年初，猎豹成立了内容事业部，开始向海外输出国内的商业模式；5 月份，猎豹在海外上线社交直播应用 Live.me，主推美国市场；紧接着又收购了个性化推荐的资讯应用 News Republic，欲打造海外版的“头条”。

傅盛表示，在搭建了强劲的工具产品矩阵，获取了海量用户和全球分发能力后，猎豹利用大数据为商业化变现提供技术支撑。猎豹的核心策略是：工具为入口，内容为核心，大数据为高地。

☆案例 3：APUS

做桌面产品起家的 APUS，做法是先积累巨大的用户流量，控制用户入口，在此之上推出开放接口，接入内容运营及商业经营，以打造 APUS 生态系统。

APUS 主要将中国的模式完全复制到海外。先聚焦经济活跃且消费能力较强的市场，如印度、东南亚和中东；紧接着进军有消费能力但增长较慢，且文化内在性强的国家，如巴西和俄罗斯；最后再着眼非洲。

因为内容运营模式在海外需要本地化融合及适应本地游戏规则，APUS 更愿意通过合作和投资的方式，扶持和培养音乐、游戏、新闻、视频、电商及 O2O 等合作伙伴，进而完善 APUS 生态系统。

李涛认为[illegible]系统更加丰富，满足用户所有的需求。目前，APUS 已[illegible]了科技媒体 iam Wire，还投资了越南的游戏平台鹿米互[illegible]OOMY。

☆共同挑战[illegible]

当百度、猎豹[illegible]类产品，在海外积累足够多用户之后，如何借助用户流量[illegible]难题。在国内，初创公司习惯于先吸引用户，再考虑变现，[illegible]

但在海外，尤[illegible]发展状况可能还远不如中国，它们的基础设施环境、用户[illegible]国内有很大差异。就具体品类而言，以 APUS 为代表的[illegible]在变现上更具优势。

比如猎豹的工具[illegible]印尼等新兴市场积累了大批用户，但以低端安卓机用户为[illegible]较小。目前，猎豹已基本停止了在发展中国家的广告投[illegible]投入。

出海的移动游戏公[illegible]俄罗斯等新兴市场积累了大把用户，却无法转化为营收，[illegible]的欧美市场。

## 新趋势：从模仿到[illegible]出到新兴市场

其实自 2011 年开始，[illegible]来华拜访中国顶尖的互联网公司。

印度电商巨头 Snapde[illegible]智酷透露，Snapdeal 刚开始想做的是团购，2012 年[illegible]企业，回去后改变了商业模式，从一家以服务为主的公司转型至以产品为主的公司。

2014 年，《印度时报》互联网 CEO 萨强 · 贾万尼在参访了小米、携程等公司后坦言，它们的商业模式都很奇妙，对比印度现有的同行，有很多思考，回去也会分享给其他的印度创业者。

过去几年，不少印度创业者在研究中国成功的互联网模式。随着阿里巴巴投资印度移动支付平台 Paytm，腾讯投资印度社交应用 Hike，复星医药收购印度药企 Gland Pharma，中国模式输出到印度显得越来越自然。

不仅如此，新闻、视频、游戏、音乐等内容领域的公司也纷纷出海印度和东南亚市场。

印度、印度尼西亚市场，内容产品的主要玩家见表 5-1。

表 5-1　　印度、印度尼西亚市场，内容产品的主要玩家

| | 印度 | 印度尼西亚 |
|---|---|---|
| 新闻 | **Dailyhunt，UC News，Hotoday，News Republic，NewsDog** | Baca，Babe，Kurio，**UC News** |
| 视频 | **QuVideo**，Hotstar | **QuVideo，Musical.ly，cliponyou**，Netflix，HOOQ，VIU，iFlix |
| 游戏 | **Elex，IGG，Supercell** | **Elex，猎豹，Garena** |
| 音乐 | Saavn，Gaana，Wynk，Hungama，Apple Music | Spotify，Apple Music，**JOOX**，Yonder Music，Deezer |

注：加粗部分由中国互联网公司开发或投资。
资料来源：App Annie，企鹅智酷。

## 欧美企业也开始学习中企的一些创新元素

“微信超过全世界任何一家做 Messager 的公司，只是微信没把国际化当作重点来做。但产品实力和规划是全球领先的。”中美跨境基金 GGV 管理合伙人童士豪告诉企鹅智酷。

与其说微信是一款社交应用，不如说它是一款移动操作系统，利用互联网形成生态解决用户核心痛点。

受微信启发，Facebook Messenger 推出表情贴纸和位置共享功能，并将支付和商业功能融入消息应用，也将社交工具当作一个平台，接纳第三方开发者进来，打造移动互联网应用生态系统。

从某种程度上来说，美国用户此前青睐一个产品一个功能的习惯，正在被中国创造的有机整合模式所影响。

照片分享应用 Snapchat 从短讯应用扩展到媒体门户，还向微信和 Line 等学习广告服务；Twitter 和新浪微博相互学习；美国游戏直播网站 Twitch 和国内的 YY 相互借鉴；而随着视频直播在全球掀起热潮，美国视频直播网站还借鉴中国直播网站，用钱购买虚拟物品为表演者打赏。

## BAT 与新兴公司：全球化的经验与教训

### 阿里巴巴 UC 海外成绩骄人，但社交电商在美坎坷不断

阿里巴巴全球化分为两条线——电商和非电商。电商业务全球化涉及进出口、海关、物流、支付等一系列环节；非电商部分，全球化由阿里巴巴移动事业群主导，以互联网服务为核心，围绕 UC 浏览器、UC 头条和应用分发等业务。

两年前，UC 被阿里巴巴收入囊中。其国际化扩张自 2010 年起从未间断过。2015 年 8 月，UC 浏览器在印度和印度尼西亚的市场份额占一半以上，在俄罗斯、巴西、巴基斯坦、孟加拉国等新兴市场也实现了快速增长。

UC 并未满足只赢得流量入口。2016 年，它尝试向“大数据新型媒体平台”升级，先后在印度和印度尼西亚发布 UC News，欲打造一款类似于今日头条的个性化资讯应用。

相比 UC 模式在海外复制所取得的骄人成绩，阿里巴巴电商“全球买，全球卖”的梦想仍比较遥远。短期内，阿里巴巴也许能通过天猫国际把全球品牌卖给中国消费者，通过 AliExpress 将中国制造卖给亚洲用户，但较难撬动线下零售业体系已高度成熟的欧美市场。

“中国团队去美国迷信白人团队是做不好的。白人创业者觉得自己更懂当地市场，只要给我资金就行了，但很多时候他们并未跟其他美国团队有不同的打法，也不懂如何用中国资源为他们加分。”阿里巴巴投资人童士豪认为，若中国产品与美国高端产品去竞争，要清楚中国的特点在哪，怎样的产品打法更合适。

## 百度国际化擅用人才，但核心业务走出去难以破局

百度总裁张亚勤谈及国际化战略时曾表示，会对有庞大人口基础且处于移动互联网爆发前夜的新兴市场如印度、印度尼西亚、巴西等做重点布局，百度已在上述地区设立办公室。

巴西被认为是“潜力巨大，却最难做的市场”。巴西税制复杂，税收政策不断变化，其分销渠道被四大运营商寡头把控，若要本地操盘，需要建立庞大的本地化团队。

但百度似乎有“奇招”。从收购巴西最大的团购网站 Peixe Urban，将中国先进打法和经验传授给它，再通过这家公司进行资源整合。2016 年，百度在巴西成立首只互联网投资基金。

百度在巴西市场取得成功，“人”是主因。百度在巴西有一支扎根很深的本土化团队，除了百度现任国际事业部总经理曾是华为巴西总经理之外，现任百度巴西总经理也曾在巴西市场历练多年。

但百度核心业务搜索却在海外市场缺乏有说服力的表现。欧美等国用户青睐谷歌搜索，俄罗斯本土搜索引擎 Yandex 在俄占据了“半壁江山”，百度搜索首次试水在日本，而后发力泰国、埃及、巴西等地，希望成为安卓设备预装的搜索引擎，但尚无亮眼表现。

## 腾讯游戏全球布局效果显著，但微信全球化遇难题

通过投资并购实现全球化是腾讯游戏的一大战略。近日，荷兰市场研究机构Newzoo发布了2016年上半年上市游戏公司的收入排行，其中腾讯是 2016 年上半年游戏收入最高的上市公司。

被马化腾认为最成功的收购案例是《英雄联盟》开发商 Riot Games，从 2008 年合作，到 3 年前收购这家当时在国内还没任何产品的公司，腾讯看重的是它的运营理念，即专注做好一款游戏，并快速迭代。

此前，腾讯还入股全球最大的游戏开发和发行商动视暴雪、韩国移动信息服务提供商Kakao、美国游戏开发公司Epic Games、东南亚最大的游戏发行商之一的Garena等。2016年，腾讯完成对芬兰移动游戏巨头Supercell的收购后，其游戏收入有望持续上升。

腾讯多样化的游戏矩阵，在PC游戏和手游领域稳固了其市场地位。这使腾讯开始思考新的方向，如何将自主开发的国产游戏出口至海外，如何携手海外合作伙伴，借助他们的资源和经验，将移动游戏推向全球市场。当然，目前仍处于尝试阶段，假若富有成效，全球性流行游戏带来的收入将是巨大的。

但腾讯在国内最成功的产品微信，在海外却没有能够快速取得大范围的成功。主要因素可能有两个：

（1）社交绝非新兴行业，海外对手有强大的先发优势。

（2）产品输出的前提是文化基础，尤其是社交产品更依赖于文化认同。

## 大疆的打法：先主攻海外，再转回中国

大疆创新在海内外能有今天的口碑，不仅归功于领先的技术和优质的产品，还与其在海外的营销推广模式有关。与大多数公司出海方式不同，大疆的产品和品牌都是先在欧美市场获得认可，再“回到”中国。

早在大疆专注做航模类产品飞行控制系统的几年里，海外航模论坛用户以及关注航拍技术的影视从业人员就已成为大疆产品的主力消费人群，相比之下，这个小众行业在中国市场起步较晚。

在推出精灵系列无人机之初，大疆就将产品送到了好莱坞和硅谷，让影视、科技行业的意见领袖们尝试。产品新奇、有趣且安全的特点，使大疆陆续出现在热播美剧和电视节目中，既有参与制作，又有产品植入，如《摩登家庭》《生活大爆炸》等。

2015 年上半年，大疆和美国广播公司 ABC 的摄制组一同前往冰岛，进行了无人机航拍直播火山喷发，那一期的《早安美国》节目成为大疆在美国品牌宣传的一个里程碑。

同时，大疆也一直通过线下渠道进行品牌推广，如参加 CES、NAB、IFA 等备受关注的大型消费电子展等。大疆一直走高端品牌路线，目前北美市场占据大疆全球销售额的接近一半。其在海外共设有 16 大办事处，在硅谷设立研发团队，吸纳了来自特斯拉、苹果公司的技术精英。

## 资本出海：正在全球发生的“中国投资潮”

### 中国资本的海外投资布局

现阶段，中国互联网公司强在商业模式的创新，并向新兴市场批量输出中国模式，但壁垒不高，产品同质化严重。从历史经验来看，全球企业巨头的崛起背后最强大的力量还是技术壁垒。

这正是中国企业的短板所在。所以近几年，海外投资并购愈加热火朝天。中国企业希望通过投资并购获取自身所缺乏的全球性品牌、国际化专业人才以及先进的技术转让，通过全球价值链整合世界最好的资源，以把握国内未来新一轮增长浪潮。

2005 ~ 2015 年亚太地区并购交易额见图 5-1。

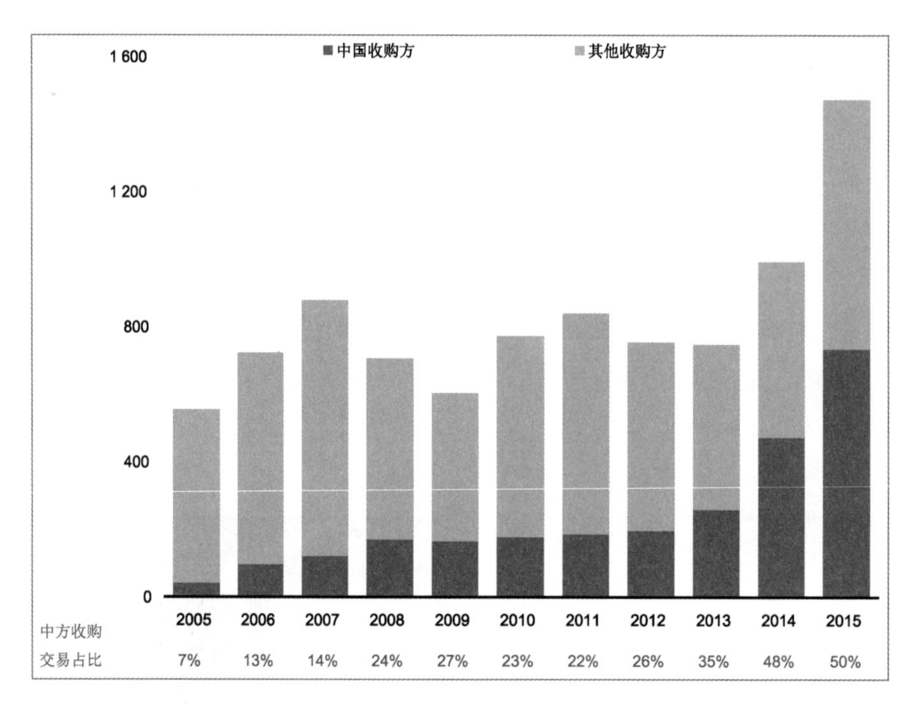


图 5-1　2005 ~ 2015 年亚太地区并购交易额（10 亿美元）
数据来源：Dealogic。

据美国金融数据提供商 Dealogic 数据显示，2016 年以来，全球跨境并购近 1/3 由走出去的中企完成。图 5-1 显示，中方在亚太地区的并购活动持续升温，到 2015 年，中国收购方的交易总额已与其他收购方持平。

同时，中国在全球资本流动中展现独有的特点，从国企投资为主到私有资本逐渐成为重要力量；从投资发展中国家转向投资高门槛的欧美发达国家，尤其青睐美国、德国、以色列。

中国资本从投资能源和矿业等自然资源转向投资高科技、农业和房地产行业。据Dealogic 数据显示，TMT 领域的境外并购受中企热捧，从 1% 攀升至 18%；能源领域的境外并购大幅减少，从 53% 缩减至 10%。

中国境外并购各领域占比见图 5-2。

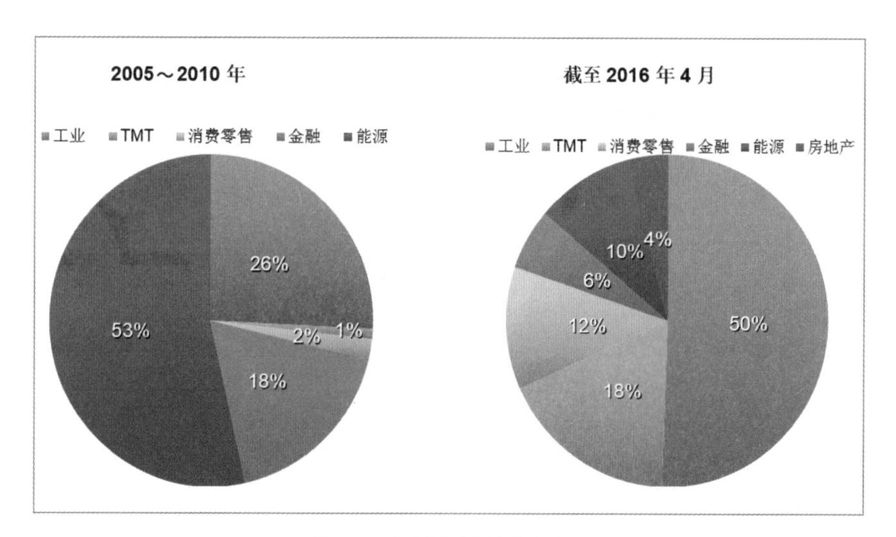


图 5-2　中国境外并购各领域占比
数据来源：Dealogic。

在全球化和移动化的今天，中国与美国、德国、以色列各自具有独特的经济结构和发展阶段，技术、资源、能力形成了良性互补，与这些国家资源的有效整合也有助于各方形成独特的竞争优势。

## 全球化投资的利弊分析

通常情况下，规模小、风险低的交易占企业并购的大多数。过去十年，价值低于 50 亿美元的交易占据了总交易量的 2/3。谷歌、英特尔、思科等在过去几年内收购了几百家公司。

倘若交易顺利，通常能砍掉重复的管理成本，获得更高的利润；合并后，市场份额扩大，公司更容易对顾客和供应商取得定价权优势；两家公司总市值都应该是上升的。

另外，并购优点可能不直接体现在财务层面，而是提升信心，助力企业步入更专业化的市场，逼迫员工打开视野，融入新思维、新理念，而这种思维会在处理其他业务上体现出来。

但中国企业海外并购的问题在于，很多时候中国企业支付的收购溢价会超出并购后协同效应产生的收益。

很多公司将工作重心放到前期的价格谈判、收购策略研究上，对交易后的整合重视度不够，而整合不当的结果是，两个团队仍在两个体系里面，会带来一些天然的冲突。

要实现 1+1=3，并购双方得充分考虑，如何跨越语言、文化、商业等层面的障碍，设立可预期的目标，并使期望值相匹配，如何从收购后技术层面的业务板块整合，走向文化等更深层面的管理融合。

另外，中国企业投资并购能力较之前已大幅提升，但有些企业还是将技术并购交易纯粹当作资产收购，或知识产权的收购，而忽略了最核心的资源其实是人力资源，包括管理层、研发、生产、销售等团队。

## 全球化投资前的准备工作

中国企业在进行全球化投资前，应该进行充分的准备与思考。

从战略层面看，不开拓这些市场是否有其他办法解决现有的发展瓶颈？所处行业竞争加剧是否意味着未来必须拿下这些市场？所看中的项目能如何助力自身，优化资源配置能力，提升核心竞争力及品牌影响力？

是否已全面分析清楚此次投资的可行性？是否已做好风险评估和预案准备？是否深入了解项目落地区域的商业和文化环境、当地的税法和监管制度？该如何处理好与关键利益方的关系？

美国、德国、以色列市场成熟度高，法律法规健全，规则透明，高科技人才云集，研发创新能力强，但竞争激烈。对于那些想去美以德投资，却无从下手的中国企业，不妨先寻找靠谱的本土合作伙伴，或聘请一名有经验的当地人来打理投资事宜。

中国企业出海起步较晚，总体而言，对外投资还处于初级阶段，海外交易表现与体量不符，拥有加速空间，投资存量较欧美、日本等发达国家还有一定差距。但毋庸置疑，中国将成为未来全球对外直接投资最重要的推动者之一。

第二部分

# 十大产业趋势

# 02

# 06 第六章 移动直播产业趋势

本章分析师：**刘语珊 李紫薇 李儒超**

本 章 顾 问：**韩坤 雷涛 庄明浩 陈少杰**

## 行业领袖洞察

**韩坤** 一下科技创始人、CEO

“2017 年，我们会把内容做得更加细化、垂直化，通过细分来满足特定的人群，不会通过一种直播来解决所有问题。”

**雷涛** 一下科技联合创始人

“直播的发展，现在应该还属于特别早期，只有一些秀场为主导的内容形态。未来会有更多的专业领域，或者说是制作更加精良的直播内容出现。但并非今天马上就能出现，这个中间还需要市场的转变、用户创作能力的提升，以及观看习惯的改变。从信息传递的角度来看，直播所发挥的作用会逐渐提升，这种属性对媒体行业将会产生比较大的影响。”

**庄明浩** 熊猫 TV 副总裁

“今天直播这个行业，最后是谁胜出，其实只有一个标准——在内容端，尤其是 PGC 方向站住了的人会留在最后。本质上直播还是要解决‘人们看什么’的核心诉求。大家的目标都是一样的：用户的时间，谁抢得多谁就赢了，这个战争会从直播拓展到视频、游戏，甚至影视等所有的娱乐领域。”

**陈少杰** 斗鱼直播创始人、CEO

“网络直播市场的竞争目前已经进入白热化，行业竞争的核心是如何打造‘人与内容’两个维度的制高点，打造个人品牌可以获取流量及市场份额，输出优质内容可以提高平台用户黏性。未来的直播将更广泛地应用在生活、工作、商务等诸多领域，进一步引领互联网流量入口端的变革。”

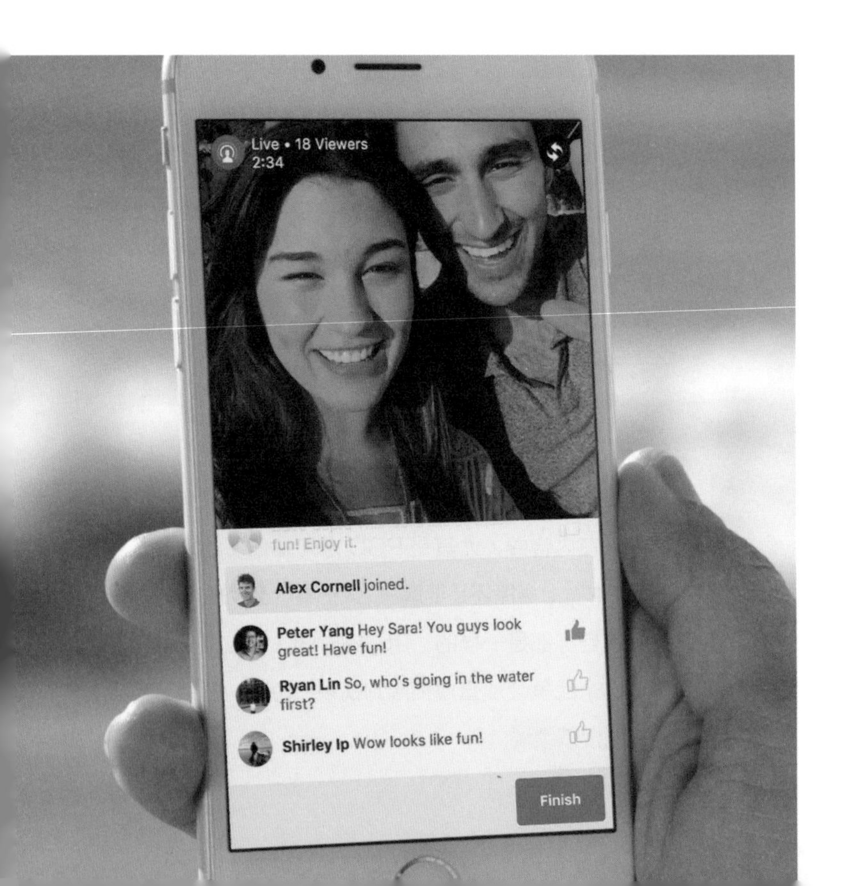

## 产业概述

在 2015 年前，无论是秀场还是游戏直播，其影响力一直止于细分领域。直播的真正崛起始于 2015 年，尤其在 2015 年下半年，以映客为代表的移动直播平台全面崛起，直播的外延被扩展到泛生活领域，直播概念真正迎来爆发期。

2016 年延续着 2015 年下半年直播领域的火热。不仅仅是映客，包括花椒直播、一直播等重量级玩家均参与搅局，一些更小型的平台也在 2015 年年底、2016 年年初成立，直播市场总体呈现出百团大战的局面。

2016 年 9 月直播平台月活跃度排名见图 6-1。

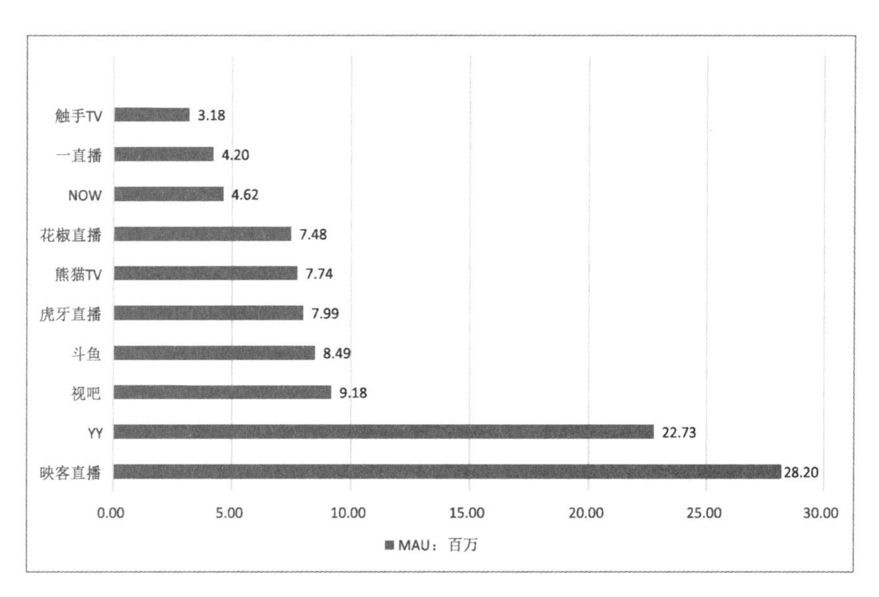


图 6-1　2016 年 9 月直播平台月活跃度排名
数据来源：QuestMobile。

不过到 2016 年下半年，直播市场开始由原本的火爆期逐渐进入回调期，一些小型平台开始面临死亡，用户端也显示出一些疲态。整个市场的走势可从图 6-2 看出。

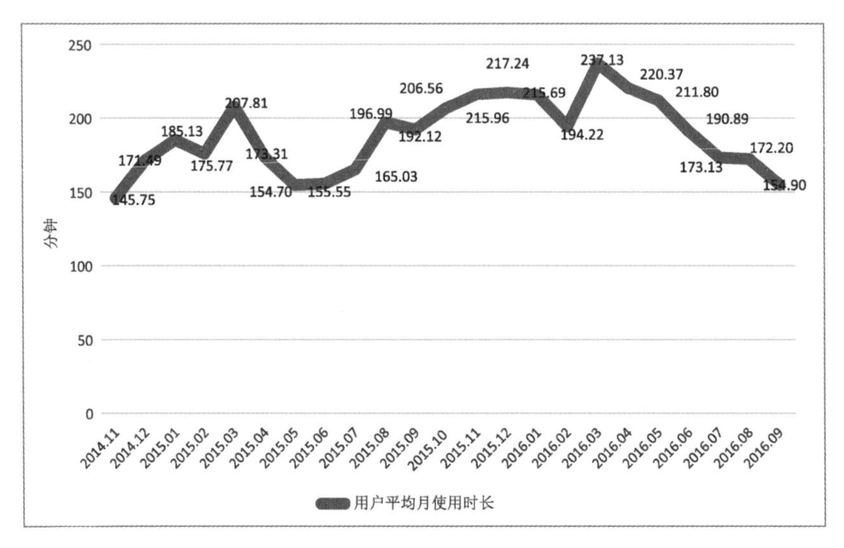


图 6-2　直播应用用户平均使用时长趋势
数据来源：QuestMobile。

由图 6-2 可见，直播平台在 2015 年下半年爆发后，用户月平均使用时长一路上升，至 2016 年 3 月达到最高点，逼近 250 分钟。但 2016 年 3 月后，用户月平均使用时长呈现下降趋势，直至 2016 年 9 月，已下降至与 2014 年 11 月相近的水平，显示出了用户对直播应用新鲜感消退之后市场的疲态。

安装量方面也显示出了类似的趋势（具体参见图 6-3）。根据 QuestMobile 的数据，直播应用安装量自 2015 年下半年开始迅速上升。但在 2016 年 9 月，相较于之前的上升态势，出现了明显的转折，结合用户使用时长数据，可将其视为市场由火爆转冷的信号。

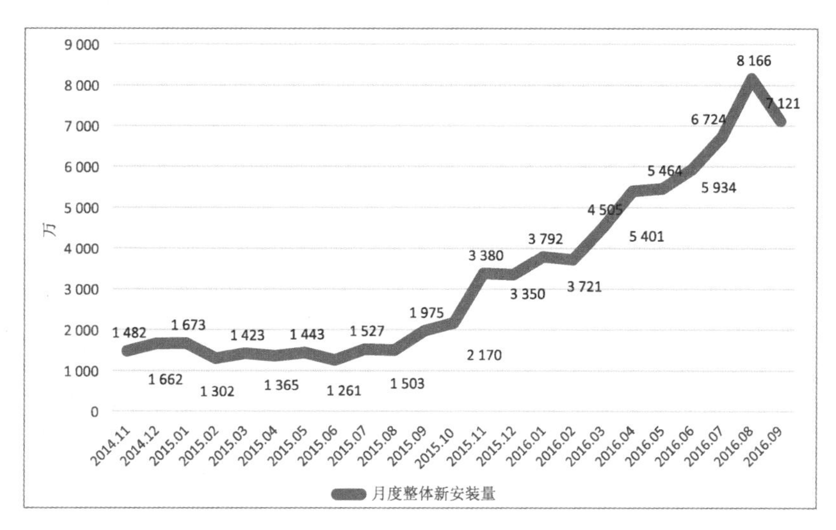


图 6-3　网络直播行业应用月度整体新安装量

数据来源：QuestMobile。

不过，虽然市场趋冷，但此时市场的竞争格局基本已经确定下来，主要参与者可概括为以下四类。

（1）秀场直播：以 9158、六间房为代表，主播往往有一定才艺，很多甚至将其作为职业，有着很强的 PGC 意味，但由于入门门槛高，受众有限，行业格局稳定，想象力有限。值得一提的是，秀场直播的载体正在从初期的 PC 向移动端转化。

（2）包括游戏直播在内的泛娱乐直播：以斗鱼、虎牙、战旗、熊猫等直播平台为代表，平台初期大多以游戏直播起家，此后扩展到更多领域，甚至包括秀场类。在平台上，也有着较强的由 PC 向移动端转化的趋势。

（3）移动直播：以映客、小咖秀、花椒等平台为代表，直播题材最为宽泛，包括秀场题材和泛娱乐题材。同时，手机直播使得其门槛大为降低，结合社交后想象力很大，是直播概念火热的最主要推手。

LIVE WEBCAST

（4）其他垂直类直播：一些其他领域的成熟厂商进入直播市场，开始探索与直播结合后的机会，包括以陌陌直播为代表的社交直播平台、聚美优品等平台推出的电商直播等。

总的来讲，秀场直播、泛娱乐直播吹响了直播领域火热的前奏；到 2015 年年末、2016 年年初，移动直播真正点燃了直播市场；但在 2016 年下半年，直播市场整体回调，此时，其他领域渗入直播的趋势愈加明显，直播市场开始趋于多元化。

## 用户变迁

### 移动直播整体市场饱和度较低

根据 QuestMobile 的数据，截至 2016 年 9 月，装载有直播应用的设备共有 1.09 亿台，占监测设备总数的 11.12%。根据 CNNIC 发布的第 38 次《中国互联网络发展状况统计报告》，移动视频网民使用率为 67.1%，移动音乐播放为 67.6%，手机游戏为 46.1%。相比其他移动娱乐方式，移动直播市场渗透率较低。

在城市分布上，直播应用渗透率较为平均，均在 10% 和 12% 之间，在一二线城市的渗透率略高于三四线城市。

### 用户由三四线城市向一二线城市迁徙

有异于其他产业渠道下沉的发展路径，直播行业由 PC 向移动端转移的过程，也是其用户由三四线城市向一二线城市迁徙转移的过程。过去 PC 秀场时代直播市场的核心用户主要集中在二三线城市，目前则呈现出各级城市均衡发展的态势。

企鹅智酷观察上线时间较长的直播应用历史数据发现，直播平台用户有从三四线城市向一二线城市迁徙的趋势，在一定程度上反映了全民直播风潮下，直播在由原先大众普遍认知中的“仅在三四线城市兴盛的通俗娱乐载体”，向更为多元、主流的内容载体方向发展。根据从业人员反馈，“全民直播”的宣传以及网络基础建设的完善，促使了直播内容的多样化发展，吸引了原本远离直播行业的白领等人群，利用碎片化时间生产、消费直播内容，推动了直播产业在一线、二线城市的发展，因此呈现出与其他在线服务不同的用户迁徙路径。

## 行业整体满意度较低，内容质量深度影响用户体验

根据腾讯 CDC 网络直播行业调研数据，在听说过直播的用户中，约七成表示自己“看过直播”，但有 37.5% 已经流失（“以前看过，现在不看了”）。具体参见图 6-4。另外，调研结果显示，直播行业平均满意度为 77.8%，NPS 推荐值为 3.9%。一般传统行业 NPS 推荐净值在 5% 和 10% 之间，直播行业整体 NPS 推荐值略低于平均水平，用户对该行业整体满意度相对较低。

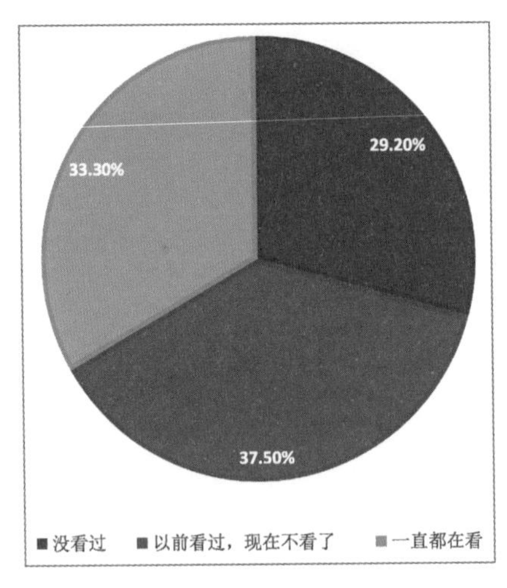


图 6-4 接近四成直播用户流失
数据来源：腾讯 CDC 数据调研。

具体到弃用移动直播平台的原因，根据企鹅智酷调研数据显示，有 42.6% 的用户因为“对直播内容不感兴趣”而选择放弃移动直播平台。因此，对于大量偏重内容的泛娱乐直播平台而言，如何持续产出能够对用户形成长期吸引力的内容是重中之重。

此外，值得注意的是，有 27.8% 的用户选择了“收费项目太多 / 规则不合理”，可见部分用户对于增值收费项目还是相对比较敏感的，因此平台在针对 C 端用户拓展收入渠道方面，要更为谨慎。同时，选择“视频画面不清晰”“互动设置体验太差”“下载后打不开 / 闪退”等涉及用户体验题项的用户占比都超过 10%，这就提醒移动直播平台在深耕内容的同时，需要更多思考如何提升用户体验。

弃用移动直播平台的原因见图 6-5。

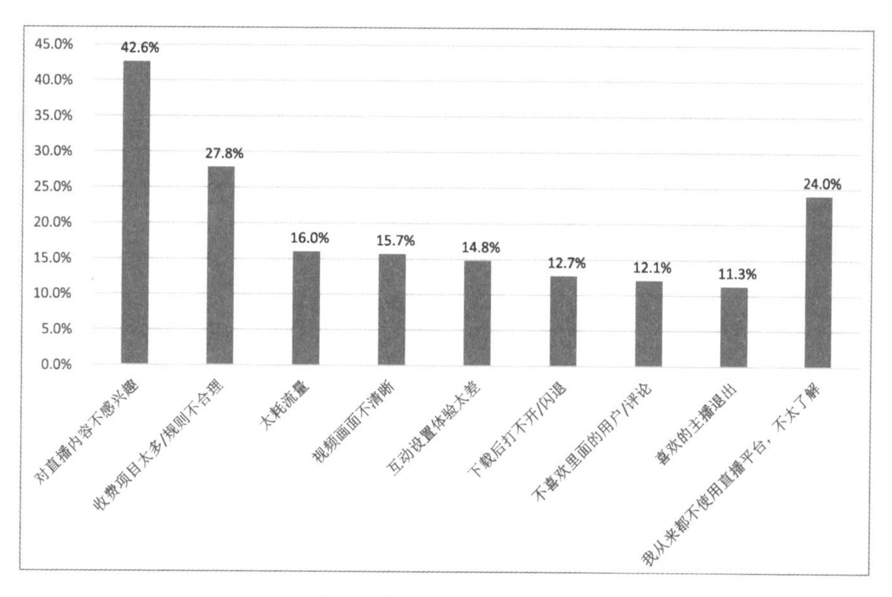


图 6-5　弃用移动直播平台的原因

注：此题为多选，因此各项总和大于 100%。
数据来源：企鹅智酷问卷调查。

## 年轻用户消费意愿高，新生代人群垂直平台另有机遇

根据企鹅智酷在线调研数据，在直播平台上有过消费行为的用户中，20 岁及以下的用户比例最高，达到 48.4%；随年龄增长，有消费行为的用户占比依次下降。在消费意愿上，20 岁及以下用户中，愿意为直播内容付费的人数比例，也是各个年龄组中最高的。

20 岁及以下的用户，即我们常说的“95 后”“00 后”人群，作为互联网原住民，对新兴服务的接受程度更高，也有较强的付费习惯，尽管目前仍以学生群体为主，可支配收入较少，对直播平台现有收入贡献有限，但未来将会是直播内容付费的主力军。

各年龄段内容付费意愿见图 6-6。

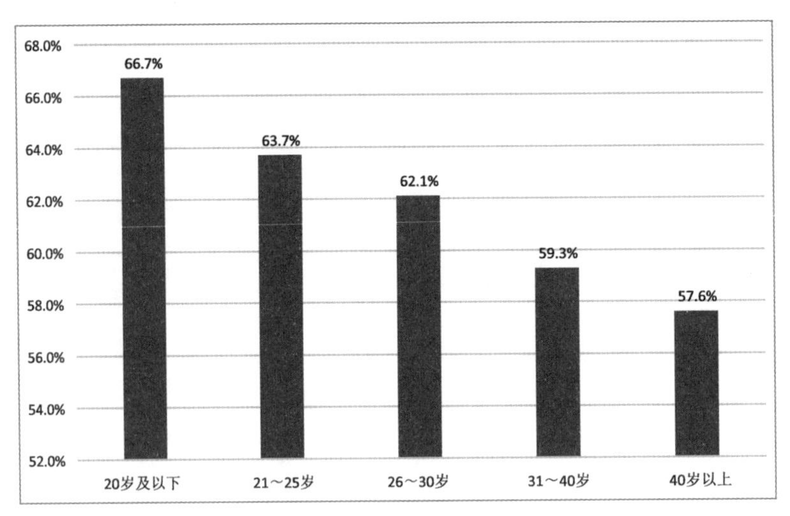


图 6-6 各年龄段内容付费意愿
数据来源：企鹅智酷问卷调查。

同时，在用户愿意付费的内容类型中，最受 20 岁及以下年轻用户欢迎的内容是娱乐综艺。该年龄段有 23.5% 的受访者表示愿意为娱乐综艺付费，略高于竞技比赛（23.1%），

最受整体用户欢迎的专业咨询（占整体 40.3%）则以 21.4% 排在第三。“95 后”“00 后”用户较整个直播用户群体，为娱乐性质的内容付费意愿更高，同时受“二次元”“弹幕”等文化影响，互动基础较好，因此针对 20 岁以下用户人群定制的直播综艺内容，可能成为目前半温不火的直播综艺的突破口。

20 岁及以下人群各类内容付费意愿见图 6-7。

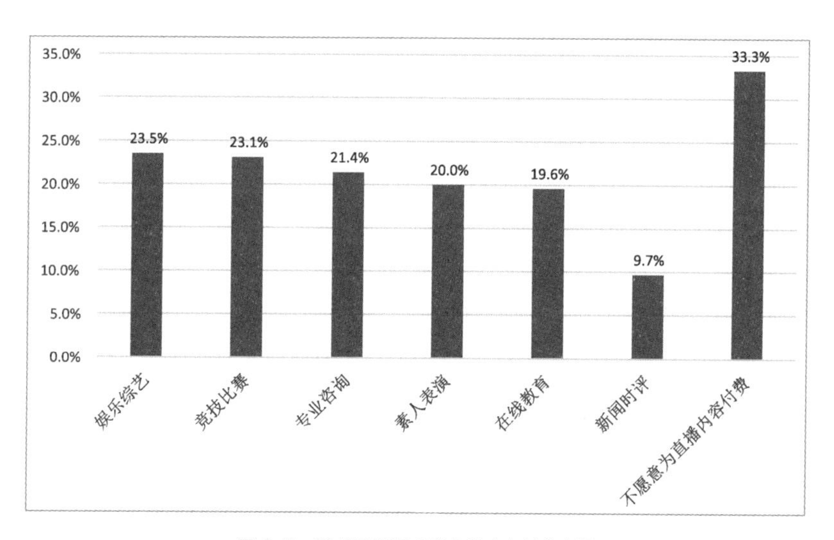


图 6-7　20 岁及以下人群各类内容付费意愿

注：此题为多选，因此各项总和大于 100%。
数据来源：企鹅智酷问卷调查。

# 未来趋势

## 2017 年，直播领域将进入洗牌期

经历了 2016 年上半年的疯狂之后，在年底这个时点，依然还有技术、资金、资源继续参与直播战役的企业已经所剩无几。熊猫 TV 副总裁庄明浩表示，如果将直播类比

德州比赛的话，基本上已经进入 FT（final table）阶段，在桌上的每个玩家都得至少有 1 亿美元现金的筹码，低于 1 亿美元现金的储备甚至无法参与竞争。整体而言，2017 年，直播领域将进入甚至结束洗牌期。

不过长尾之中依旧有红利，鉴于目前直播技术支持服务相对完善，移动直播整体门槛较低，一些小的直播平台依然有生存机会。但整体上，现在入场的创业者已经失去跻身前列的机会，没有了更大的想象空间，投资价值也在变得越来越小。

## 泛娱乐直播平台在变现上仍需要摸索

泛娱乐直播平台目前依旧以内容输出为第一优先级，与其他内容平台相似，最大的变数依旧在于内容是否优质以及内容变现能力上，流量广告、植入、招商赞助等将成为泛娱乐直播平台的关键词。

与当年的视频网站等平台一样，泛娱乐直播一方面需要保证其内容质量，这需要较为庞大的资本作为保障，内容层面的竞争也会日趋激烈；另一方面，由于短期内这类平台大多还未盈利，更加多元的变现能力仍需要探索，行业有可能进入一个整体迷茫期。

## 移动直播 3 ~ 5 年内最大的变数在于社交关系

社交关系的沉淀将是移动直播平台发展的一个关键。对于直播平台而言，初期内容需要社交网络加以传递，优质内容所吸引来的用户也需要通过社交关系加强黏性，加以沉淀。同时，现有直播平台众多，内容高度同质化的同时，由于信息过剩，社交推荐机制也将决定优质内容的传播外延。

然而，根据企鹅智酷调查数据，针对与观看直播同时进行的社交行为，48.5% 的用户表示不会进行任何包括关注主播、加入粉丝群、与其他观众成为好友、线下见面在内

interest rate

的社交行为。表示会关注直播间的用户，仅占 35.8%。表示愿意与其他观众成为好友的用户，更是低至 7.3%。如何让直播平台上的用户，突破陌生人的界线，并建立社交关系，乃至由弱关系转化为强关系，对直播平台而言，是需要攻克的难题。在社交关系方面的竞争中，腾讯和微博二者多年沉淀的社交关系将会成为其直播产品的有力后盾。

直播用户社交行为选择见图 6-8。

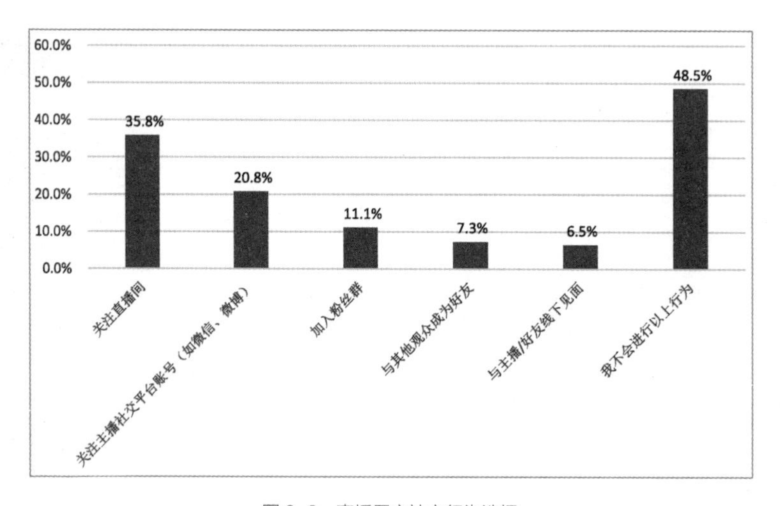


图 6-8　直播用户社交行为选择

注：此题为多选，因此各项总和大于 100%。
数据来源：企鹅智酷问卷调查。

早期进入行业的移动直播厂商，由于积累的社交关系偏弱，也将促使其与社交领域的其他成熟玩家加速合作，从而打破社交和直播的壁垒。

## 垂直领域传统厂商入场将改变战局

对于电商、教育等更加垂直的直播领域，变数不在于直播本身，而在于进入直播的垂直领域厂商身上——能否深耕该领域，并影响该领域垂直用户。直播作为一项有效的变现手段，将为垂直领域的优秀厂商提供一个变现出口，但本身没有独立性。对于选择在垂直领域发展的直播平台而言，如何应对各个领域拥有既有资源的原有玩家升级进入“直播 +”的挑战，也会是一个难题。

需要强调的是，前面提到的四种分类常常具有一定交叉，诸如从传统 PC 秀场起家的 9158，从游戏直播起家的斗鱼，如今都在尝试做移动直播。这时候，原有平台的一些社交关系、关注数据等将在一定程度上拓展到移动直播产品，原有平台的发展也将在一定程度上影响移动直播产品的发展。

## 分水岭挑战

移动直播的兴起，本质上就是直播用户在不同平台上的迁徙。得益于 4G 网络及 Wi-Fi 普及率的提高，直播内容生产及消费从已经成熟的 PC 端向移动端转移，降低了直播的门槛，让“全民直播”成了现实。

但同时，移动直播的核心在于内容生产。由文字、图片、语音到富媒体化的视频，直至今天加入了互动元素的直播，这是内容生产领域信息维度不断叠加的过程，也是内容消费的升级。

### 老用户迁移结束，新市场开拓成本上升

目前，随着 PC 端用户向移动端转移结束，移动直播平台进入了纯移动市场的发展阶段，需要深入开拓对直播行业一无所知的新用户群体，市场推广费用、获客成本及难度相应提高。

对于创业者来说，风口已去，流量集中在头部平台，再加上政策环境下持证上岗等要求，

创业团队虽然仍有生存机会，但同时面临以上诸多挑战，基本上已经没有了爆发式增长的机会。现有的 200 余家直播平台，势必面临一波收购兼并及倒闭的浪潮。

## 抢占第一梯队竞争更加激烈

对头部玩家而言，虽然移动直播市场自身还未触及天花板，但移动市场的极限已经近在眼前。同时，在大公司和大资本入场的情况下，头部平台纷纷重金投入推广，希望通过快速的大量用户积累，触发“强者愈强，弱者愈弱”的马太效应，跻身第一梯队并最终成为留在战场上的少数人。

## 差异化竞争的压力，可能引发内容烧钱

在即将到来的成熟市场中，鉴于直播平台产品、模式高度趋同的状况，平台只能寻求以内容进行差异化竞争，那么则有可能像视频平台的发展一样，最终陷入内容争夺的烧钱大战。之前游戏类直播的签约主播争夺大战，可视为内容竞争的前哨战。

## 互动成为直播超越传统视频的关键

不过，在克服了直播内容的高门槛之后，作为可能取代电视的下一代互动媒介平台，直播平台所产生的原生内容商业收益将会有很大的想象空间。以熊猫和芒果 TV 以及腾讯视频合作的直播 2.0 综艺节目《Hello！女神》为例，据熊猫 TV 表示，这档节目的招商收益其实已经覆盖了节目制作成本。除此之外，《Hello！女神》的投票机制（等同于打赏），还额外为节目组带来了收益——对于一档综艺节目而言，则是更直接的“辐射力”变现方式。

# 新技术 / 新模式崛起

## VR 直播在短期内不会被大量推广应用

VR 直播在短期内不会成熟，也很难被大量推广应用，只能作为 VR 产业的发展方向之一，对直播行业的影响较小。花椒直播在 2016 年 6 月的时候上线了 VR 直播频道，并免费发放了 1 000 个 VR 眼镜，但目前该应用上已经无法找到独立存在的 VR 频道或功能。

高内容制作门槛使得 VR 直播在短期内只能是小众的游戏。虽然 VR 有更好的沉浸叙事效果，但在内容制作上，VR 对设备的要求、对沉浸式叙事策划的需求，都给制作团队设置了很高的门槛，短期内很难在直播产业内落地。长期而言，与手机直播的低门槛相比，有较高拍摄设备、直播系统要求的 VR 直播，对作为没有专业团队支持的个人主播而言没有太大的吸引力。

此外，VR 直播也需要收看设备及互动操作设备的配合。简单的 VR 眼镜无法实现很好的沉浸式效果，也无法提供交互体验，但仍然有着至少 100 元左右的成本投入，对于内容消费者而言，很难有主动升级的动力。

VR 直播仍可能在赛事、大型演出中，作为提升观众体验、锦上添花的附加功能出现，但也仅仅可能吸引到在直播和 VR 两个市场交叉处的小众消费人群。

## 虚拟礼物和定制滤镜成为原生广告的载体

虽然现有的打赏分成，为头部的直播平台带来了可观的收入，但大多数头部直播平台都已经在探索打赏分成之外的其他收入方式，以推动收入来源的多样化。广告是除打赏之外的又一大收入来源，如映客就在 10 月推出了针对品牌广告主的广告套餐。

移动直播小屏操作，传统贴片广告、横幅广告等形式在直播强互动性、强即时性的情况下，极易引起用户反感，对品牌造成反向影响。一些新型的广告形式，如一直播将商品设计成虚拟礼物的方式，增加广告的品类，对用户体验影响较小，设计得当就会提升品牌形象。商业定制的滤镜在短视频和美图工具上已多有应用，自然也能延伸到视频直播领域。

## LBS、AR 技术加持未来游戏化的直播新领域

LBS、AR 等技术在直播领域的应用，也值得期待。Ingress、Pokemon Go 等 LBS 游戏的形式，与直播的现场感、互动性都有很好的契合。无论是将直播融入 LBS 游戏，还是将 LBS 游戏的形式变成直播的一种互动方式，都是值得尝试的方向。如果未来再结合发展更为成熟的 AR 显示技术，不仅在娱乐休闲方面可能诞生新的户外品类，也可能成为一种新的户外电竞形式。

此外，这样的结合也为广告主提供了一种自带传播属性的户外商业推广形式。

## 运算与传输速度仍是直播领域亟待解决的问题

尽管直播作为一种新兴的媒介，其未来有许多让我们畅想的空间，但目前，直播突破场景限制，内容加以提升，进一步与其他产业结合都建立在一个前提下：清晰流畅的直播内容与良好的用户体验。对于目前市场上的许多直播平台而言，卡顿、画面不清晰等问题仍然非常严重，解决方式基本上是投入大量资金提升基础网络设施建设。

4G 的发展带动了这一波移动直播的浪潮，移动直播的下一次飞跃，则需要建立在运算与传输速度的下一次升级上。

## 全球竞争格局

直播产业在海外市场最先出现，然而中国的直播却具有自己的特色。从产品形态上，海外直播主打“带你看”模式，大部分都是直播演唱会、体育比赛或者某个项目、活动，对现场感要求比较高。而中国则主打“给你看”，主播播出与自己兴趣相符的内容，吸引一批爱好相同的用户，直播内容更为广泛，参与门槛更低，更容易聚集用户。

从直播鼻祖 Meerkat 的发展上即可见一斑。Meerkat 的“带你看”模式基于现有的社交链条，带用户去看特定内容。因此，一旦缺乏 Twitter 和 Facebook 的社交链条，Meerkat 便走向终结，这说明 Meerkat 的内容属性大于平台属性，本质上只是个内容提供工具。

中国直播产品的属性则相对多元，既有一直播这类依靠其他社交平台的移动直播产品，也有 YY、9158 这类自有平台产品。从这个意义上，国内直播产品总体上是领先于海外的，这可以从企业数量的差异、产品功能的完善上看出。在产品功能上，类似打赏、美颜、美声等功能的涌现，也让中国直播用户的体验更加丰富。

无论是内容属性还是平台属性的直播产品，除了一些技术问题，出海最本质的拦路虎在于文化差异。视频直播本身从行业而言，就是一个文化和互联网结合的领域，各个市场用户喜好、习惯不尽相同，所以出海将面临很大的本土化运营挑战。因此在解决本土化的挑战前，将很难看到直播平台在出海上有较大起色。

其中，对于内容属性较强的直播平台，依靠社交产品的社交链至关重要。出海意味着与全球社交巨头的直接竞争，进一步增加了中国直播产业出海的难度。除此之外，中国直播产品在产品功能如打赏等方面的创新，是否能迎合海外用户的需求，还需要进一步验证。

总体来讲，直播平台出海仍有待商榷。对于国内的直播平台而言，海外市场目前并不是市场的聚焦点。

# 07 第七章 智能手机产业趋势

本章分析师：**郭晓峰 卜祥 杨鹏 杜会堂 王潘 徐安娜**

本 章 顾 问：**余承东 刘立荣 吴强 刘作虎 金鑫**

## 行业领袖洞察

**余承东** 华为消费者业务CEO

“中国（智能手机）市场几年后会有一个洗牌期，很多品牌目前仍在亏损，未来能活下来的只有一两家。华为的目标是未来两年之内做到全球市场份额第二。”

**刘立荣** 金立集团董事长

“2016年智能手机市场最大的变化就是回归竞争本质。前几年大家都比较浮躁，从2015年下半年至今，竞争终于回归到了产品本身的竞争、品牌本身的竞争、渠道本身的竞争、管理本身的竞争和用户体验本身的竞争。竞争的本质是什么？我认为就是创造价值。”

**吴强** OPPO副总裁

“过去一年里，更多厂商对于智能手机拍照的理解和重视度有所提高，也有一些自主创新不断涌现。接下来至少一年内，对于拍照的专注和创新会是在智能手机产品功能层面比较热的一个点。”

**刘作虎** 一加科技创始人、CEO

“一加定位就是专注线上，做高端。因为线上跟线下本身就是矛盾的，要做线下必须毛利要足够，线下的店面、促销、经销商都要成本。线上没有这些成本，就可以做到极致。但体验店是另外一回事，我们在印度建体验店，那可以给用户一种信任感。我的思路是，只要把产品做好，专注线上，做高端，就算市场规模没那么大，也可以把企业养得很好。”

**金鑫** 迪信通总裁

“2016 年智能手机行业最大的变化是渠道。实际上，线下渠道在三年前就基本稳定了。三年前线上渠道发力迅猛，但是到了 2015 年中旬的时候，出现了乏力的情况，2016 年疲态表现得比较明确。对于这个变化，我的理解是，一方面，消费者能力下沉，追求产品品质大于性价比；另一方面，相比之下，线下渠道的成本这几年变化不大，反而线上营销的成本在增加，整体已经大于线下的营销成本了。”

## 产业概述

经过 5 年多发展，中国智能手机市场由 2011 年的 1.2 亿部升至 2015 年的 4.341 亿部。受中国经济放缓以及人口红利结束的影响，自 2015 年起，国内智能手机市场呈饱和趋势。

中国智能手机出货量及年增长率见图 7-1。

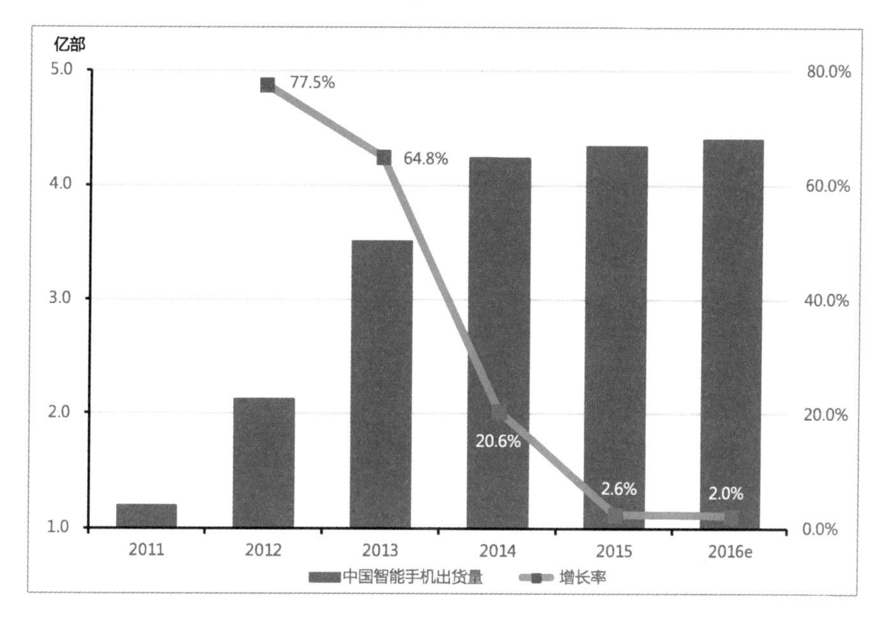


图 7-1　中国智能手机出货量及年增长率
数据来源：IDC（2016 年 5 月）。

2016 年中国手机厂商出货量全面爆发，在全球 12 强中占据 8 席，品牌形象得到大幅提升。相比 2015 年，中国智能手机厂商的竞争依旧激烈，市场加速洗牌，传统“中华酷联”格局已被“华米 OV”取代。

IHS Technology 的数据显示，中国智能手机市场第 3 季度销量为 1.23 亿台，较 2015 年同期增长 15%。OPPO 首次成为中国智能手机市场的季度排名第一，vivo 凭借 X7 的热销排名第二，华为（含荣耀）排名第三，小米和苹果分列第四、第五。具体参见图 7-2。

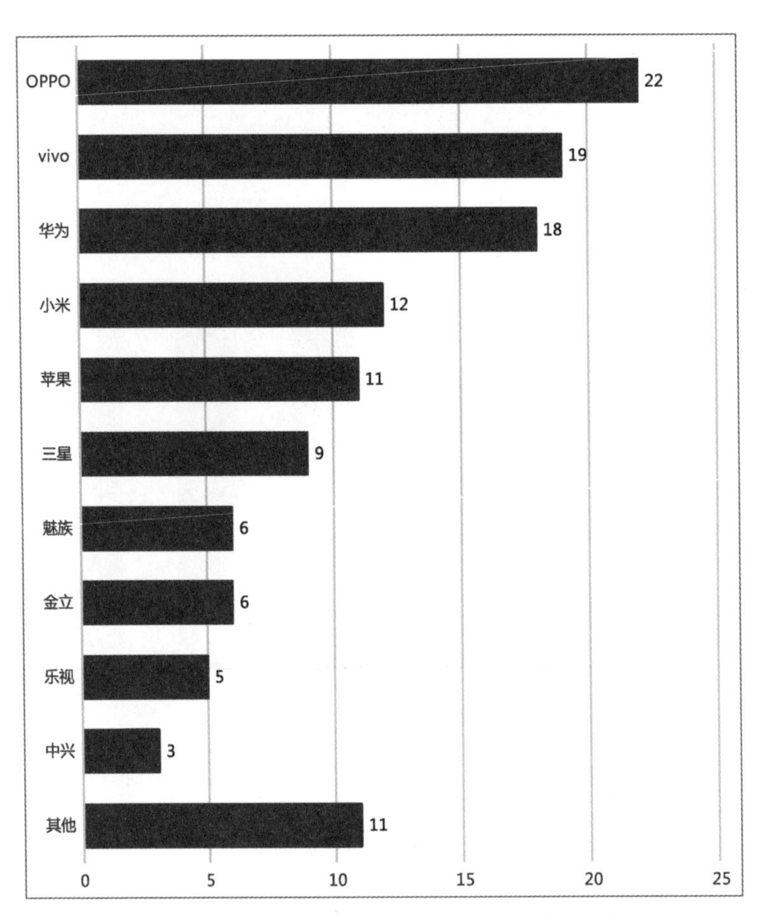


图 7-2 2016 年第 3 季度中国智能手机市场销量（百万台）
数据来源：IHS Technology（2016 年 10 月）。

## 用户变迁

### 4G 智能手机用户爆炸式增长，移动互联网流量价值凸显

中国 2G 技术起步于 1993 年，之后历时 16 年才发布 3G 牌照，从 3G 到 4G 的步伐则快得多。三大运营商自 2013 年年底相继启动 4G 网络建设，至 2015 年中国移动已建成全球最大的 4G 网络。

根据中国工信部数据，截至 2016 年 9 月末，中国移动电话用户总数达到 13.16 亿户，其中 1 ~ 9 月净增 4 480 万户。2G 和 3G 用户稳步向 4G 用户转换，4G 用户持续爆发式增长，总数达到 6.86 亿户，占移动电话用户的比重达到 52.1%，其中 1 ~ 9 月净增 2.56 亿户。

在移动互联网方面，根据易观数据，截至 2016 年 9 月，移动互联网用户使用 4G 手机的占比最高，达到 63%，3G 手机占比接近 35%，2G 手机基本被替代。用户从 2G 向 3G 乃至 4G 的迁移，将带来移动购物、移动支付、移动广告和移动游戏等移动互联网市场的强劲增长。

### 智能手机消费升级，中高端价位手机受到青睐

2015 年下半年开始，中国智能机市场千元以下价位段市场持续萎缩，消费升级成为市场核心驱动力，节奏性推动市场格局重构，中国手机市场进入“价值转型”阶段。具体参见图 7-3。

这与整个宏观经济的消费升级步调一致，随着人均国民年收入突破 8 000 美元大关，消费者更加看重手机的性能、内存、美观等元素，而不只是性价比。

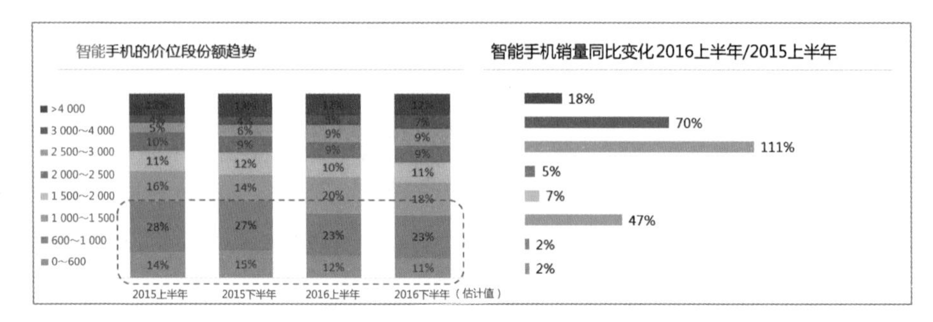


图 7-3 新千元和中高端持续驱动市场增长

数据来源：GfK（2016 年 7 月）。

### 一二线城市智能手机已经饱和，三四线及农村地区潜力巨大

在消费升级、存量换机的档期下，消费者在换机需求上不再只单一追求性价比，外观设计、品牌效应、整体服务综合体验等已经成为消费者购机时需要考虑的因素。皮尤研究中心数据显示，中国的智能手机普及率已达到 58%，智能手机在一二线城市的渗透率接近饱和，需求增长开始转向互联网手机渠道并不擅长的三四线及以下城市。

## 未来趋势

### 随着手机性能同质化加剧，审美和差异化将成为手机厂商的新角力场

在存量时代下，消费者对智能手机的基本需求已被满足。无边框、曲面屏、全陶瓷机身等外观创新元素，以及双摄像头、指纹解锁等功能和安全创新元素正在进入手机的产品设计。

### 手机厂商将更加注重品牌定位，运用视觉形象打造手机差异化定位

目前华为已经形成“华为 + 荣耀”的主副品牌战略，将华为本身的高品质和自主研发

这一品牌形象注入华为 Mate 系列和 P 系列，定位商务人士和时尚人群；荣耀系列前期主打性价比，如今则更加注重品控和创新，逼近中高端市场，定位年轻群体，和大众市场的变迁步调一致。这种双品牌策略在手机市场渐趋饱和的态势下取得了良好效果。

OPPO 则定位音乐、拍照、时尚，通过铺天盖地的广告对消费者形成巨大视觉冲击，最近一年内销量实现井喷式增长。各手机品牌风格迥异，如金立定位续航、安全，乐视定位内容等。

## 国产品牌发力高端手机，中低端机下沉至三四线城市及农村地区

随着消费升级，售价 2 000 ~ 3 000 元人民币的手机市场成长最快，而售价在 1 000 元以下的手机市场持续萎缩。同时，农村地区因存在大量换机需求而成为各大手

机厂商的重点关注对象。经过七八年深耕，OPPO、vivo 的渠道已做到乡镇一级夫妻店。2015 年年底，华为推出千县计划，主打 2 000 元左右的 Nova 轻旗舰产品，对标 OV。

## 线上线下互相渗透，未来几年将成为手机厂商渠道之争的主旋律

自 2015 年起，线上渠道增长放缓。与此同时，线下渠道开始爆发，此前深耕线下的 OV 系列实现快速增长，在 2016 年第 3 季度夺得国内智能手机市场的前两把交椅。小米赖以生存的互联网手机模式受到挑战，目前也开始积极布局线下门店和渠道。同样关注线下的还有华为。相对来说，建设渠道和运营线下渠道需要长期积累，华为和小米在短期内很难逾越 OV 的线下壁垒。

## 在营销方式上，从互联网口碑营销向全方位立体营销转变

OV 厂商在传统电视媒体上投放广告，包括赞助综艺节目、热门影视剧植入、聘请代言人等；同时，还在公交车身、楼宇地铁等处跟进地面广告；此外，也开始尝试微信、微博等互联网社交广告。之后，借助线下门店承接已有的传播效果，逾 20 万家 OV 门店播放手机宣传语，张贴明星代言人靓照。这种全方位的立体营销既助力了品牌建设，又极大缩短了消费者从认知到购买的决策时间。其他厂商纷纷跟进，就连互联网手机品牌创造者小米也开始引入明星代言人，打造线下门店。

## 需求导向的创新将成为新方向，国产厂商将推出更多渐进式创新

厌倦了跑分和参数的消费者越来越明白自己对手机的需求。vivo 敏锐地捕捉到了这一趋势，先后推出 Hi-Fi 技术、Xshot 产品解决音质和拍照的痛点，苹果 iPhone 7 与腾讯手机管家合作，推出骚扰电话识别等功能；华为也针对年轻用户群自拍美颜的刚需，推出了定位年轻市场、主打自拍的华为 NOVA 智能手机。

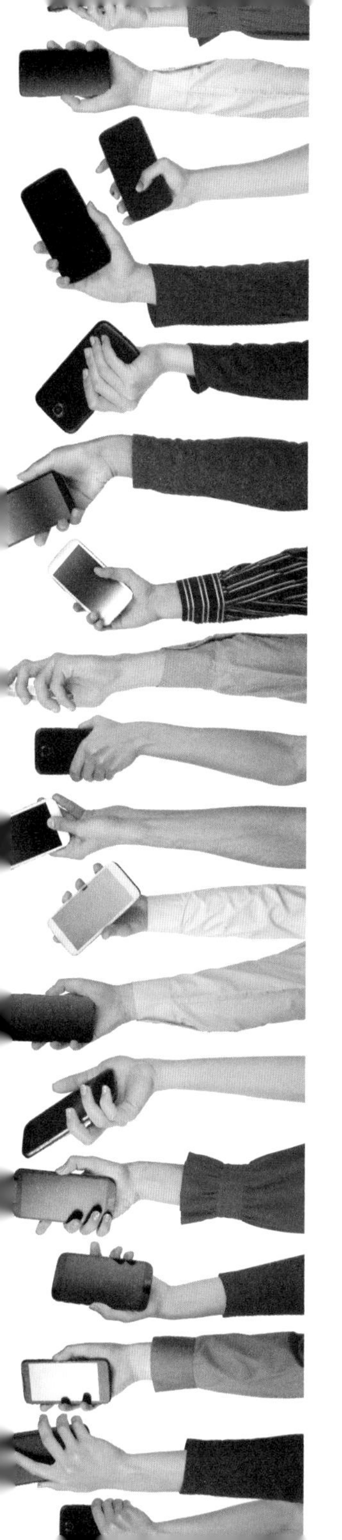



### 国产品牌将继续出海，从新兴市场到欧美成熟市场

国产品牌发力海外，已形成差异化布局。因高性价比在印度、马来西亚、越南等亚洲多数地区有较高占有率，目前 OPPO 和小米分列印度手机市场第二、线下品牌第三。此外，华为欧洲区域 2016 年上半年出货规模也实现翻番，500 ~ 600 欧元档位市场份额由 2015 年年底的不到 1% 增至 2016 年 5 月的 14.3%；联想借助并购 Moto 赢得先机，在欧洲、中东和非洲同比上升 83%，亚太地区同比增长 96%。

## 分水岭挑战

### 全球智能手机市场增速大幅放缓，国内市场增速降至个位数

自 2010 年以来，全球和中国智能手机市场增速持续下降。IDC 数据显示，2016 年第 1 季度全球智能手机出货量与 2015 年同期相比仅增长 0.2%，创下历年来最小同比增幅。Canalys 数据则显示，这一时期全球智能手机出货量低于 2015 年同期，成为自 1996 年智能手机诞生以来全球出货量首次出现同比收缩的季度。尽管二者数据有异，但增速下降趋势是一致的。

IDC 数据显示，中国智能手机市场增速在 2015 年首次跌至个位数，并且第 1 季度出货量同比下降 4.3%，成为过去 6 年来中国市场首次出现同比下滑的季度。这标志着国内智能手机开始从增量市场过渡到存量市场。

2010 ~ 2016 年智能手机市场增速见图 7-4。

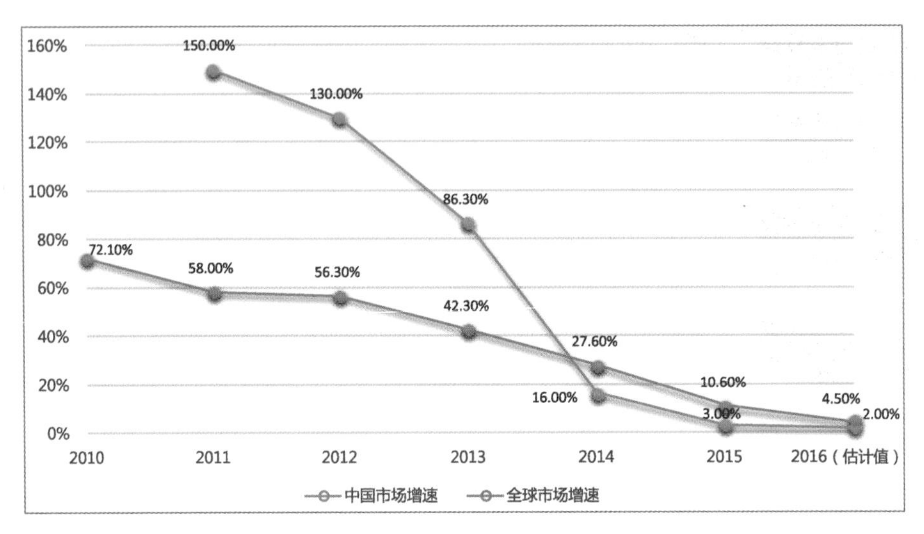


图 7-4 2010 ~ 2016 年智能手机市场增速
数据来源：Gartner，IDC&Canalys。

这意味着全球和中国的智能手机市场都即将触顶天花板，最重要的全球性市场——美国、西欧、日本和中国的智能手机市场均已成熟，国产品牌将面临巨大的增长挑战。

由于中国乃至全球经济发展的不平衡，局部市场仍有机会。中小城市以及农村地区将成为国产品牌的必争之地，另外，印度、东南亚等市场的中国手机大战，也将在未来一段时间爆发。

## 线上渠道红利消失，互联网营销模式失灵

随着网购人口红利消退，手机市场趋于成熟，以及换机用户更加注重手机品质，智能手机线上渠道触顶天花板。GfK 调查数据显示，2015 年第 1 季度国产手机的线上渠道出货量为 1 900 万部，环比下降 22.6%。

作为智能手机互联网销售模式的先行者，长期依赖线上渠道的小米手机最有代表性。

2015 年，小米手机出货量增速出现下滑趋势，同比 2014 年的 277%，急速降到 15%。这标志着整个国产手机的线上渠道开始衰落，大可乐、青橙、灵狐、百加手机等一大批互联网手机品牌相继倒下。

与线上渠道增长乏力形成对比，OV 凭借线下渠道在 2016 年第 3 季度成功逆袭华为和小米，登顶国内智能机市场。而 vivo 在 2015 年的线上出货量仅占总体的 5%。魅族、华为、小米也开始布局线下渠道。可以预期，未来两年内，国产手机厂商在线下渠道将展开激战，新一轮市场洗牌即将揭幕。

## 国内市场临近天花板，国产手机集体出海

随着国内智能手机市场的日益饱和，以及洗牌期的到来，智能手机厂商出海征战的步伐需要全面提速。

### ☆印度市场

印度是全球增长最快的智能手机市场，开放性较高，国内智能手机厂商纷纷将印度作为布局重镇。联想借助“全渠道，双品牌”战略抢占了先机，近两年多次挤入印度市场前五；小米和一加重点布局电商渠道；金立、OPPO、vivo 主打线下；华为主抓低端市场。

小米在印度这两年成绩斐然，2016 年 9 月，在印度前 30 大城市，小米跃升为第三大智能手机厂商，市场份额占比 8.4%，还推出为印度用户量身定制的产品。小米与当地电商巨头 Flipkart、Snapdeal 等都有合作。

小米也在进一步拓展与线下渠道商的合作，从最初与经销商 Redington 合作，到联合印度电信运营商 Airtel、电子产品零售连锁 The Mobile Store 来销售小米手机。林斌称未来还可能在印度开设小米之家。

一加在印度的品牌知名度远不如小米，但用户群相对高端，不少用户了解一加是因为它在欧美市场的良好口碑。在印度，一加的布局以电商渠道为主，先与电商平台Amazon 合作，最近又自建电商渠道。

OPPO、vivo、金立在印度都以公开渠道为主，选择与企业有相同企业价值观的渠道商进行独家代理合作，并进行利益共享。它们聘用了庞大的当地人促销员队伍，布局高密度的线下渠道。还在印度进行本土化营销，冠名赞助板球赛事等关注度极高的活动。另外，其擅于洞察用户核心痛点，并让产品适应用户需求。

国内智能手机厂商在印度彼此竞争激烈，同时还要与印度本土玩家 Micromax、Lava、Intex 等相抗衡。另外，三星在印度打中高低端的组合拳，也是非常强劲的竞争者。

☆东南亚市场

东南亚各国加起来人口超 6 亿，移动互联网发展增速快，但渗透率还不高，加上不少国家此前对外资公司建立电商平台有限制，倚重电商渠道的中国手机厂商如小米、一加还未能赢得该市场的用户。

反倒是靠公开渠道的 OPPO、vivo 等品牌凭借其成熟的线下模式在该地区如鱼得水。IDC 最新公开的数据显示，OPPO 在东南亚市场位居第二。当然，这也与其布局早有关，OPPO 自 2009 年就出海泰国，此后在越南、印度尼西亚开拓市场，主打年轻时尚概念，满足年轻人对自拍、快充、音乐等的需求。

☆美国市场

美国市场的大部分手机产品，都是通过运营商线下捆绑套餐售出的。所以，手机厂商必须与 Verizon、AT&T、Sprint、T-Mobile 四大运营商搞好关系。华为在美国市场波折不断，终端业务做不起色既有内因，也有外因。

中兴在美国一直为运营商提供网络路由器和交换机，但其电信网络设备市场于 2012 年被冻结，而中兴手机产品却通过与运营商合作打开了市场，也打通了沃尔玛、Target 和百思买等零售渠道，以销售低端手机为主。

☆欧洲市场

华为在欧洲市场表现亮眼，尤其是西欧的意大利、西班牙，以及东北欧的波兰、芬兰等市场。不仅仅是因为布局早，华为擅于本土化运营，而且靠产品质量、体验、设计取胜。

欧洲也是一加手机重点开拓的两大市场之一。用户对一加产品的期待高。

☆俄罗斯市场

这几年，俄罗斯经济陷入泥潭，卢布下跌，使得性价比较高的中国智能手机品牌在

AliExpress、JD.com 等电商平台热卖，包括联想、中兴、小米、华为等。

☆南美（巴西）+ 非洲（尼日利亚）市场

作为“金砖四国”之一的巴西，对本国电子产品采取贸易保护，以进口电子设备的高税率促使厂商实现本地生产。巴西市场潜力无穷，却令中国智能手机厂商很头痛，巴西分销渠道被四大运营商寡头把控，若要本地操盘，需要建立庞大的本地化团队。另外，巴西市场税制复杂且不稳定，而且近来货币贬值严重。

小米在一年的磨砺后退出了巴西市场，认为他们对巴西市场的复杂程度预估不足；而此前 HTC、华为等智能手机厂商都已退出了巴西市场，中兴在巴西虽有业务，但市场份额非常小。

尼日利亚作为非洲人口大国，也是非洲经济增长最快的国家之一，国内智能手机厂商都将它作为出海非洲的第一站。金立、联想、华为等此前都有布局，但 2016 年尼日利亚汇率大幅波动对各家手机厂商打击重大。

## 新技术和新模式崛起

### 新材料、新工艺成为营销新亮点

随着同质化现象越来越严重，全陶瓷或者全玻璃机身、可弯曲屏幕、快速充电、无线充电、多镜片照相镜头解决方案等新材料和新工艺正在成为智能手机营销和宣传的热点，智能手机从 1 到 *N* 的步伐在加快，用户需求导向的渐进式创新成为主流。

### 人机互动日益频繁，智能化程度进一步加强

未来手机将配置更多的生物特征辨识应用，以指纹辨识和人脸识别技术为基础，加

强人机交互。在此过程中，虚拟个人助理将成为重要媒介。Gartner 预测，2020 年 40% 的行动互动装置内将具备智慧助理的功能。同时，AR 和 VR 设备也将与手机产生越来越多的互动连通。

## 全球竞争格局

2016 年上半年全球智能手机出货量 6.8 亿部，同比增长 0.2%，创下同比增幅最小纪录。从区域上看，美国、西欧、中国等成熟市场增长乏力，年增长率均为个位数（预计中国在 2016 年的智能机出货量增长率为 2.3%）。印度、东南亚、非洲等新兴市场则延续快速增长态势，局部增幅超 30%。Gartner 预测，2016 年全球手机整体出货量为 15 亿部，下滑 1.6%，其中智能手机市场增长 4.5%。这意味着在全球范围内，智能手机市场开始进入存量时代。

受 Galaxy Note 7“召回门”事件影响，三星在 2016 年第 3 季度的市场份额有所下降，但依然雄冠全球智能手机市场。苹果紧随其后，华为、OPPO 和 vivo 分列第三至第五。这一排名与上季度完全一致。就增长率而言，OPPO、vivo 表现最为抢眼，同比涨幅分别高达 121% 和 102.5%。三星、苹果出货量均出现不同程度的下滑，华为的全球市场份额快速逼近苹果。华为近期宣布，将在 5 年内取代苹果和三星，成为全球第一大智能手机厂商。

整体上，2016 年国产品牌延续了 2015 年在全球市场的高占比，年增长率明显高于全球平均水平，与三星、苹果等国际巨头的差距在进一步收窄。

# 08 第八章 媒体与内容创业趋势

本章分析师：**李儒超 冯辰 相欣**

本 章 顾 问：**陈菊红 魏武挥 周源**

## 行业领袖洞察

**陈菊红** 腾讯公司副总裁

“现在是自媒体种类比较丰富的时候，处于生态形成过程中。内容创作者会经历集中、分散、竞争和淘汰，在垂直细分领域深耕。更好地对接和赋能自媒体，是平台的机会。”

**魏武挥** 天奇阿米巴基金投资合伙人，知名自媒体人

“自媒体以评论见长，而机构媒体在内容的持续生产上占优，后者依然是内容行业里的主力军。PGC 和 UGC 不断在较量，PGC 通过不断抬高内容生产门槛来抢夺舆论阵地中的制高点。传统媒体人进入内容创业领域可以看作机构的迭代，运作方式和制度更加顺应互联网时代。连接一切越深入，机构迭代越快速。”

**周源** 知乎创始人、CEO

“纯粹追求用户量大的互联网的产品已经越来越困难了。未来内容的展现形式会更加丰富——文字、音频、短视频、直播，甚至 VR 等；内容也会越来越长尾，偏小众的领域聚集起来也有不可忽视的价值。个性化、定制化的信息服务会越来越多。有用的信息可以成为定制化和个人化的知识商品，帮助有个人专长和积累的知识分享者获取直接的收益。”

## 产业概述

在 2016 年，整个新闻资讯领域的局面相对于 2015 年总体没有发生太大的变化，领域的主要构成者仍包括以下五个主要部分：

（1）传统平面媒体，包括杂志、报纸等，以及其网站和微信公众号。

（2）以腾讯为代表的门户网站，及一些综合资讯类网络媒体。

（3）以虎嗅、虎扑体育为代表的垂直资讯媒体。

（4）以今日头条为代表的个性资讯媒体。

（5）社交媒体，包括为自媒体带来生存土壤的微信公众平台。

其中，传统平面媒体日渐式微。传统报刊读者数量和广告收入的双下滑使得近年来报刊经营举步维艰，与之相应的停刊和休刊已成为传统报刊行业的一种“新常态”。据不完全统计，2014 年中国停刊或休刊的知名报纸数量约为 10 家，而 2015 年这个数字扩大到 30 家左右。2016 年，这一衰落趋势仍在延续，尤其是用户的阅读习惯已经彻底从杂志、报纸上转移开，形势逆转几无可能。

门户等网络媒体在经历了多年野蛮发展后，如今也进入了发展瓶颈。作为互联网资讯领域最早的入局者，门户网站在数年前已经被一些垂直资讯媒体冲击，尤其在汽车、房产、旅游等领域，门户话语权均受到较大挑战。而从互联网到移动互联网的变化，进一步对网络媒体进行了冲击，一些未及时转型移动端的网络媒体在这其中逐渐掉队。

网络媒体移动化后，却没有完全复制 PC 网媒时代的格局。腾讯新闻在移动端对其他门户的领先优势扩大，而以今日头条、快报、一点资讯为代表的个性化资讯媒体得益于数据、算法等方面的技术能力，在移动端迎合了诸多网民的口味，成功在移动资讯 APP 中占据重要地位。

与此同时，包括微信、微博、知乎在内的社交类媒体在新闻资讯领域之外占据着一定舆论制高点。这不得不提到自媒体的爆发。从 2013 年自媒体出现到 2015 年的集中爆发，社交媒体愈加成为自媒体青睐的平台。

以平台方而非内容提供方自居的今日头条及社交平台类产品（如微信公众平台），共同为自媒体的爆发提供了土壤。此时，整个媒体领域话语权随着今日头条、微信公众平台所承载的自媒体的发展，愈加变得分散，媒体生态变得高度多元化。

## 用户变迁

### 媒体资讯类应用在不同线城市的活跃渗透率趋于均匀

信息相比 O2O 等互联网服务更容易渗透和传播。根据 QuestMobile 监测的各种类别媒体资讯应用在地域上的活跃用户比例，可以看出不同城市级别的使用占比之间差异并不巨大，整体比较均匀。二线城市在多个类别的媒体资讯类应用中活跃占比最高。特别地，垂直类资讯应用的地域差异最明显。具体参见表 8-1。

表 8-1　媒体资讯类应用在不同线城市活跃用户占比（2016 年 9 月）

| 分类 | APP | 一线城市 | 二线城市 | 三线城市 | 四线城市及以下 |
| --- | --- | --- | --- | --- | --- |
| 社交媒体 | 微博 | 17.66% | 38.63% | 17.84% | 25.86% |
| | 知乎 | 30.76% | 41.31% | 12.28% | 15.66% |
| | 微信 | 16.55% | 35.22% | 19.44% | 28.79% |
| | 百度贴吧 | 17.01% | 42.10% | 17.18% | 23.70% |
| 综合媒体 | 界面 | 40.23% | 33.24% | 13.07% | 13.46% |
| | 参考消息 | 28.83% | 35.40% | 14.36% | 21.40% |
| | 央视新闻 | 20.23% | 31.76% | 20.62% | 27.39% |
| 垂直资讯媒体 | 澎湃新闻 | 34.18% | 32.83% | 14.05% | 18.93% |
| | 虎嗅网 | 54.64% | 40.98% | 2.48% | 1.90% |
| | 虎扑体育 | 29.85% | 39.51% | 14.66% | 15.97% |
| | 雪球 | 45.40% | 33.58% | 11.73% | 9.30% |
| 个性化资讯 | 今日头条 | 18.35% | 33.76% | 19.32% | 28.58% |
| | 天天快报 | 16.79% | 36.43% | 18.86% | 27.93% |
| | 一点资讯 | 22.17% | 31.77% | 17.80% | 28.27% |
| 门户 | 腾讯新闻 | 17.78% | 35.30% | 19.38% | 27.54% |
| | 网易新闻 | 20.26% | 33.49% | 20.00% | 26.25% |
| | 新浪新闻 | 21.03% | 37.26% | 17.85% | 23.87% |
| | 搜狐新闻 | 21.10% | 33.27% | 18.32% | 27.32% |
| 直播 | 花椒 | 17.88% | 35.05% | 21.07% | 26.00% |
| | 映客 | 14.29% | 39.82% | 19.46% | 26.43% |

数据来源：QuestMobile。

## 内容过剩，消费者注意力稀缺

用户对于资讯的消费特征依旧是碎片化，而且注意力稀缺。以微信公众号信息为例，企鹅智酷调研发现，九成读者关注不到 50 个自媒体。而 78.3% 的读者高频关注 / 顶置自媒体数量少于 5 个。自媒体每日新增信息众多，加之消费者的碎片化信息消费方式，使得阅读具有较大的随机性而缺乏黏性。不仅很多已关注的公众号的信息不一定会打开阅读，对于读者打开的推送、点开每条的概率以及实际完整读完一篇文章的概率都依次递减。在公众号推出“顶置”功能后，使用该功能的用户会更容易聚焦于浏览顶置公众号的信息。

## 年轻人喜欢兴趣阅读，2 ~ 5 分钟新闻视频用户接受度最高

从新闻查看方式来看，首页查看和兴趣频道是用户整体使用最多的查看途径。90 后相比非 90 后在新闻阅读上更加兴趣导向，使用兴趣频道和订阅频道浏览的比例相对更高。另外，在新闻搜索、同页刷新和视频频道的查看上也比非 90 后更频繁，浏览新闻的主动性略高。具体参见图 8-1。

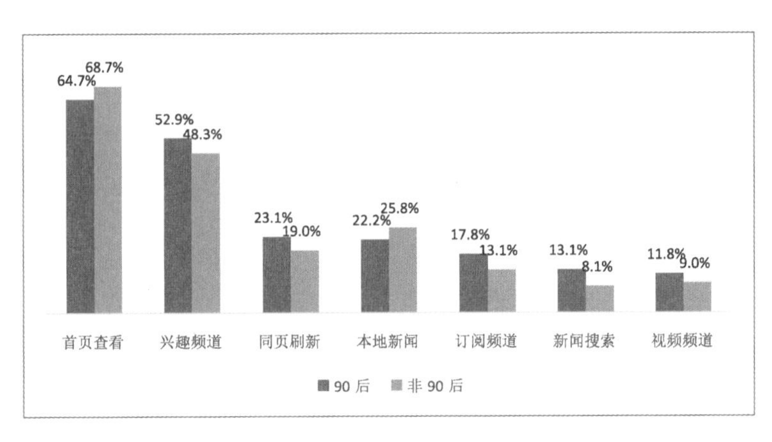


图 8-1　常用的新闻查看方式
数据来源：企鹅智酷调研。

2 ~ 5 分钟的短视频新闻是大部分用户最能接受的单个视频新闻时长。90 后对于 6 ~ 10 分钟视频新闻的接受度要高于非 90 后。具体参见图 8-2。

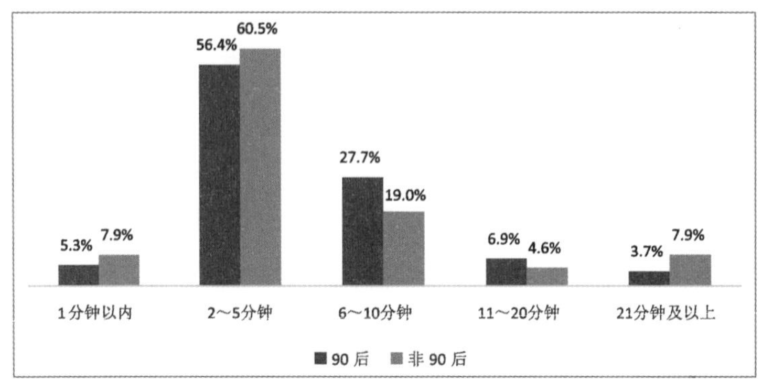


图 8-2 能接受的单个视频新闻时长

数据来源：企鹅智酷调研。

## 内容消费者希望新闻资讯的内容真实，推送有克制

从用户对新闻获取的不满之处来看，对于新闻内容真实性的质疑和推送过多是最大的痛点，占 39.7%。具体参见图 8-3。推送打扰到用户侧面反映了精准传播的需求并没有被新闻客户端和资讯应用很好地满足。新闻内容的即时性、丰富度欠佳和内容评论低俗也是两成多用户的不满之处。用户对于信息的需求已经从新闻过渡到泛资讯，而自媒体在泛资讯上是门户网站很好的补充。

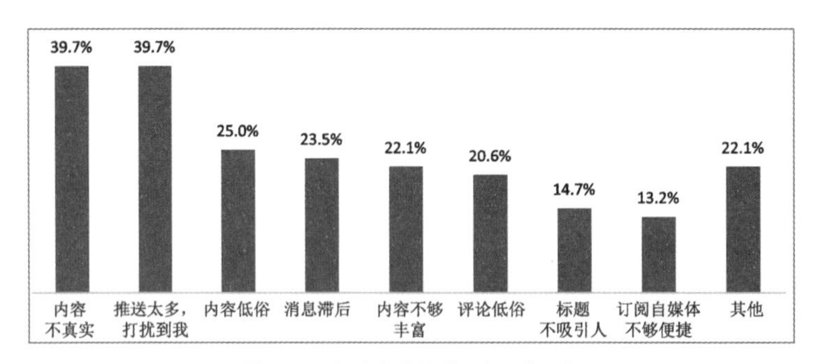


图 8-3 对于新闻资讯获取有哪些不满

数据来源：企鹅智酷调研。

## 未来趋势

自媒体是当前媒体领域最具变量的一环。未来一年，自媒体从形态丰富走向成熟，具体表现为中长位内容被激发，各个垂直细分领域出现头部自媒体。内容创业红利真正被释放。

### 自媒体持续平台升级

创作平台将会在这个过程中有着更为重要的赋能角色，帮助其锁定用户、增加用户、商业变现。围绕自媒体的个性资讯媒体的平台大战也将同步打响。个性资讯媒体和自媒体在 2017 年将会迎来一个相互促进、共同前进的局面，平台方将会愈加强调服务属性，自媒体内容方也将加强与平台的绑定。

### 商业模式进一步成熟

内容创业的商业模式创新日趋成熟，特别是内容 / 知识付费。内容 / 知识付费会逐渐形成成熟的商业模式，个性化和标准化并存，受众规模化。

### 短视频创业热潮与泡沫并存

短视频、直播等多元内容呈现形式与媒体的界限不再分明，内容消费者与内容创作者之间的界限也更加模糊。

### 优质创作者成为核心资源

未来 3 ~ 5 年内，技术会不断优化媒体的内容创作和传播效率，但最核心的变数依旧是人。对于资讯平台而言，虽然技术领域一直在飞速发展，但人力的不可替代性使得平台方的核心价值与内容提供方一样，必须回归到人身上。平台方需要依靠技术红利，进一步做好运营、变现等方面的服务，以吸引优质创作者入驻。

# 分水岭挑战

## 移动端增长放缓，深耕内容和精准传播成为关键

与电商和 O2O 服务相比，内容创业是一种获取流量的门槛更低的方式。内容创业得益于移动互联网的红利，但由于依托移动应用（如微信、微博等）作为主要传播渠道，随着移动互联网红利的消退，接近饱和的移动应用的用户数基本已无快速增长的可能。

对于媒体与内容创业领域而言，移动互联网的下半场的挑战在于用户注意力的争夺和用户黏性的培养，以及在深耕内容和精准传播的基础上把握媒体智能化的趋势。

## 流量平台需要开放资源和生态养成

对于门户网站和流量平台而言，如何把握和自媒体的关系实现互利共赢是一个挑战。自媒体的繁荣使内容分发格局发生微妙改变。门户网站逐渐从原创为主过渡到原创精品和分发优质的自媒体内容。多个流量平台在 2016 年推出专门针对自媒体扶持计划，反映出自媒体对于流量平台的重要战略意义。

对于以今日头条和一点资讯为代表的个性化资讯阅读应用而言，平台本身不生产内容，因而自媒体是存亡之本，如何将资讯分发到特定受众是其核心竞争力。视频流量平台合一集团和音频平台蜻蜓 FM 对于自媒体的激励力度也很大。为提高入驻自媒体的质量和黏性，流量平台大力扶持甚至投资入股都是常见的做法。

## 传统媒体亟须转型

随着用户资讯阅读转向移动端，在平媒领域，2017 年纸质版的发行量、广告收入依旧会继续下滑，这个大势几乎不可能扭转。但随着部分平媒的互联网转型成功，来自互联网的广告、版权收入将成为新的增长点，甚至有可能补上纸质版收入大幅下滑的缺口。

平面媒体的原创力将愈加成为互联网广告、网络版权的关键。作为机构媒体，平媒若能保持其在深度调查上的优势，将有可能在内容价值被日益看重的将来，获得一个更高的价值。

在网络媒体方面，纯粹依靠 PC 流量的网络资讯媒体将在 2017 年进一步迎来衰退期，机会将愈加集中在 2016 年及 2016 年之前完成移动端转型的玩家。在转型移动端的媒体玩家中，将会有两条路值得探索：或成为强有力的平台方，或成为优质内容的供给方。

## 新技术 / 新模式崛起

更智能化的内容创作、更精准的信息分发和交互性更强的呈现形式是媒体发展的大势所趋。智媒 2016 年国外社交媒体产品改进与创新枚举见表 8-2。时代已经到来，大数据、人工智能和 VR、AR 技术让媒体与科技的联系日益紧密。

表 8-2　　2016 年国外社交媒体产品改进与创新枚举

| 公司 | 产品改进与创新 |
| --- | --- |
| Facebook | 推出 VR 社交服务 Avatar，未来的 Oculus Rift 用户可以创建自身的 3D 虚拟人偶与 Facebook 好友进行模拟互动，使用 VR emoji 表情等 |
| | 运用 LBS 并将用户的线下具体消费数据与 Facebook 广告营销活动打通，成为更有效的实时广告效果指标，帮助广告主实现更精准的广告投放 |
| | 里程碑事件：2016 年 5 月，Facebook 通过 AI 识别的不良图片数量超过了人工 |
| | 4 月在 Messenger 上推出智能聊天机器人 chatbot |
| | 推出开源 VR 相机 Surround 360，用户可以使用它录制全景和 VR 视频 |
| | 优化信息流，根据用户实际阅读内容的时长等指标推荐用户会认真阅读的内容 |
| Google | Google news 新增 fact check 标签，降低虚假新闻出现的概率 |
| Twitter | 增加低质量信息过滤按钮 Quality Filter，根据实时产生的 Twitter 信息流的特征将重复、低质量的内容从用户页面中隐藏 |
| | 6 月收购伦敦机器学习和视觉处理技术开发商 Magic Pony Technology，并将其划分到 Cortex 人工智能部分，开发可以识别视频中特定内容的算法。该算法可以帮助直播软件拥有更精准的推荐系统，也可以用来过滤不良内容 |
| Mashable | 启动了一个名为 Velocity 的数据分析工具平台，可以在极短时间内分析大量不同的链接，并从中识别趋势和有可能会爆发的热点 |
| Snap | 2016 年 4 月推出增强现实的 3D 表情，用户在拍摄视频时表情可以跟随取景框中的事物移动 |
| | 在秋季推出智能眼镜 Spectacles，用户可以用来拍摄 115 度广角视频并可无线同步到配对的智能设备 |

资料来源：企鹅智酷根据公开资料整理。

2016 年，国外各大科技公司在社交媒体上也运用以上技术进行产品改进与创新。Facebook 和 Snap 推出的智能硬件旨在让用户尝试更丰富的内容发布方式。更精准的热点预测、内容识别也是多家科技公司在产品中的重点改进点。

## 大数据与人工智能：优化内容创作与分发

人工智能正在改变包括新闻生产在内的诸多之前依赖人力、劳动力密集的产业。今日头条、天天快报和一点资讯等为代表的个性化移动资讯应用崛起，自动化推荐算法为读者分发更加切合兴趣点的个性化资讯。相应地，受众的阅读范围也从新闻过渡到泛资讯。

算法推送的信息和人工推送的信息占资讯分发市场的比重逐渐接近，2016 年成为算法推送超越人工推送的里程碑，这标志着资讯已经进入智能分发时代。

资讯信息分发市场内容推送占比见图 8-4。

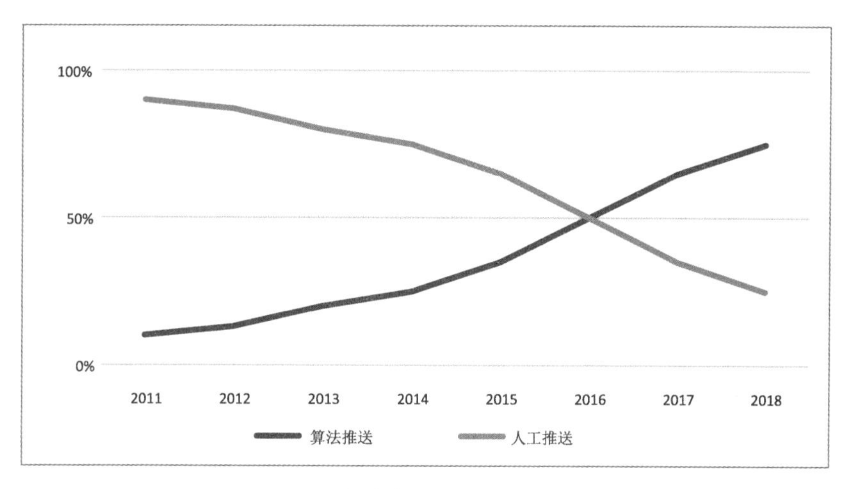


图 8-4　资讯信息分发市场内容推送占比

数据来源：易观。

算法可以从一定程度上消除“大 V 效应”，避免偏小众长尾的信息无人问津，使合适的内容找到正确的读者；其在未来有望取代人工推送，提升效率。

机器写作是人工智能在媒体与内容创业领域的另一项重要应用。目前的机器写作尚处于初级阶段，以写作财报、股票信息、天气预报和体育赛报等数据性强的事实类报道为主。机器写作不够自由个性，没有质感与温度，机器没有人的创造力，一直是今天人们对机器化写作的主要批评理由。

但未来的机器写作将是人的能力与人工智能的结合。机器的作用，不仅仅是自动获取数据并进行填充，还将体现在引导新闻线索的发现、驱动新闻深度或广度的延伸、提炼与揭示新闻内在规律、对内容的传播效果进行预判等各个方面。

## VR/AR+ 内容：沉浸体验与深度交互

国外的社交媒体如 Facebook 和 Snapchat 在 2016 年都推出了 VR 直播 / 全景摄影的硬件。随着手机性能提升和 VR 设备进一步普及，提供更好的移动视频和直播观看体验的平台更能享受技术红利。

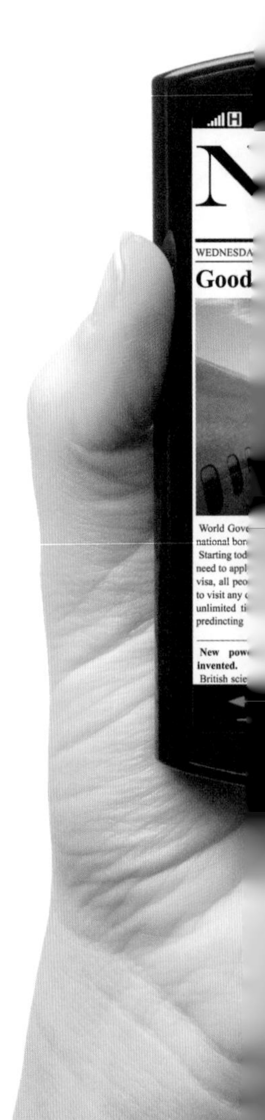

VR/AR 新闻直播可以为观看者带来临场的沉浸体验，也为观看者之间的社交互动提供了新的可能。信息由“二维”向“三维”的跨越对于技术和硬件的要求更高。介质更迭使内容形式更加丰富和立体。不过，VR+ 内容真正走向成熟和普及还需要契机。

尽管自媒体对于 VR/AR 技术的关注度较高，但难以在短期真正投入具体应用。在参与调查的自媒体中，有 26.9% 认为 VR/AR 技术会影响内容创作且非常关注；55.3% 认为可能会受到影响，但还没有找到明确方向；认为不会影响的不到 20%（具体参见图 8-5）。按照自媒体类别来看，科技、旅游、教育类自媒体对 VR/AR 技术的关注度明显更高，文化、体育、军事类自媒体则缺乏关注。

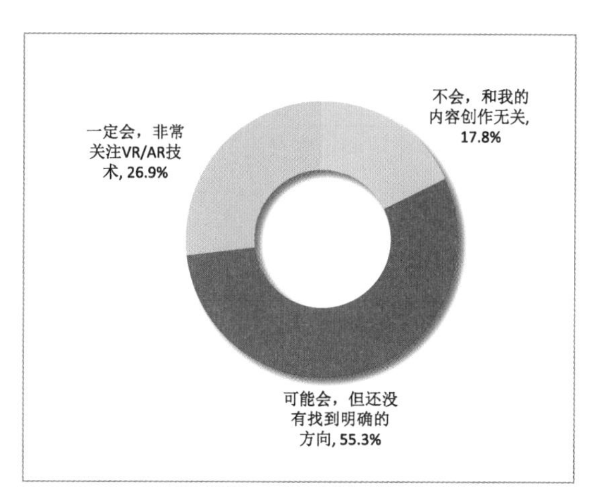


图 8-5　你认为 VR/AR 技术会影响你的内容创作吗
数据来源：企鹅智酷调研。

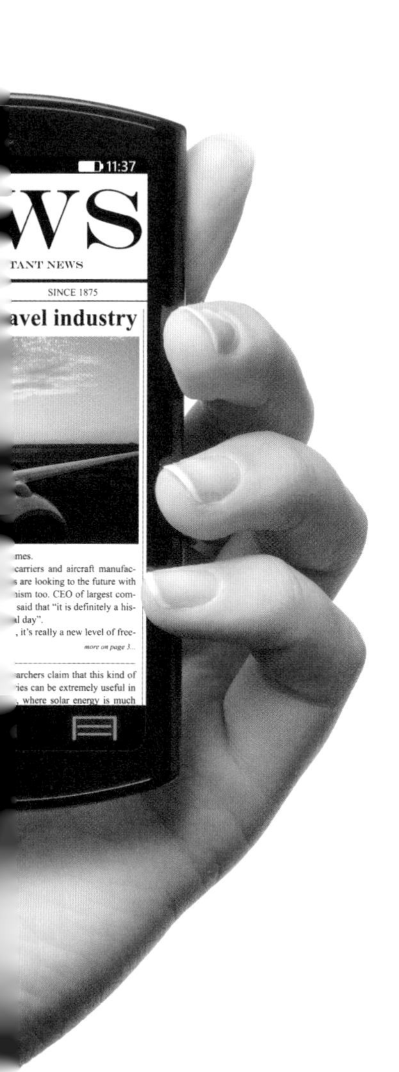


## 内容电商

广告目前是自媒体最主流的变现方式，除广告之外，平台化和电商化也成为许多自媒体流量变现的方式，即内容社区电商化。这类产品的代表是小红书和什么值得买，自媒体代表是一条和北美省钱快报等。除推荐导购之外，原生广告在内容社区效果更显著。自媒体的粉丝效应是从读者到消费者转化的基础，因此“由内容而电商”也可看作某种程度上的“粉丝经济”。逻辑思维卖书、吴晓波频道卖酒皆属此类。需要注意的是，某些内容与电商性质天然更加契合。在自媒体试水电商的初期也需要了解读者偏好与需求，深耕从内容社区到内容 + 电商的过渡。挑战则是需要打通供应链和物流等一系列实体电商的线下服务。

内容电商的商业路径图见图 8-6。

电商网站做内容是另一个路径。电商网站本身离购物更近，消费者具有购买的心理预期。以淘宝为例，2015 年 9 月，淘宝推出内容开放计划，鼓励媒体和消费者入驻提供丰富多样的内容。内容丰富了消费者在电商平台的购物体验，内容本身比电商离社交传播更近，有助于用户黏性的增强。

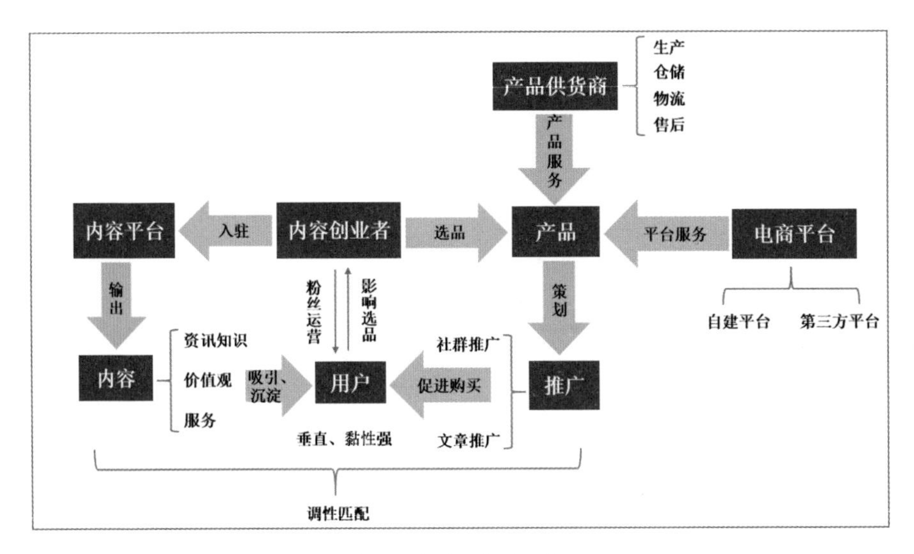


图 8-6　内容电商的商业路径图
资料来源：新榜、有赞、《2016 内容电商研究报告》。

## 虚拟服务：内容付费与知识经济

自媒体试水内容付费甚至发展为虚拟服务平台也是变现途径。三节课、混沌大学等是典型案例。2016 年也涌现了一些知识付费产品，如分答、知乎 live 等。当物质生活提高，关注更高层次的个人发展是必然，优质信息、知识和技能作为虚拟服务初具规模。

企鹅智酷调查发现，无论是从消费者偏好还是知识产品的供给稀缺性来看，个性化咨询是非常有付费潜力的知识产品。在信息复制和分享的边际成本接近于零的时代，知识付费协助提高了版权意识和原生内容的价值，并为优质内容的持续供给带来激励。

内容付费使得本可用来投资而不是消费的闲置时间也可以通过互联网得以聚合和优化利用，从而削减有价值知识的分布不均和供需失衡，促进了克莱·舍基所说的“认知盈余”的生产与消费。内容付费是知识的有偿分享，也是一种按需服务——一个在互联网高效匹配下的、可以随时随地满足人们知识和信息需求的巨大智库。

## 全球竞争格局

在内容丰富度和水平上，国内的媒体依旧与国外有一定差距。另外，在海外通过内容吸引受众会有一定的文化差异阻碍，导致内容国际化相对困难。

国内媒体的优势体现在商业模式和技术上。猎豹在印度尝试过做印度版今日头条，达到了千万级日活。国内媒体在平台运作能力上较强，这种能力在国外具有可复制性。

国内媒体产业若想出海，目前来讲还只能作为平台方进行输出。目前今日头条已经在筹备海外业务，腾讯新闻也在考虑，相信这些媒体平台在国内积累的管理模式、算法、技术上的经验将会帮助其占领部分市场。

Credit
Card
1234 5678 9012 3456
08/13
08/17
CURRENT NAME

# 09 第九章 移动支付与互联网金融产业趋势

本章分析师：**徐安娜 王潘**

本 章 顾 问：**计葵生 肖文杰 魏伟**

## 行业领袖洞察

**计葵生** 陆金所联席董事长兼 CEO

“2017 年，市场结构会有比较大的改变。（大平台）市场份额都在增加。主要有几大原因：

首先，小平台没法经营下去或跑掉了；其次，客户、资本方、广大投资者对品牌的敏感度越来越高；最后，大数据正在发挥越来越重要的作用，谁的规模做起来了，谁的资产筛选能力、风控能力就会越来越强，因为它累积了越来越多的数据。同时，监管新政的出台，会让 2017 年整个互金行业发展更健康。”

---

**肖文杰** 乐信集团创始人、CEO

“消费金融领域，未来几年会供应过剩，也会更加集中，不可避免地进行并购整合，小型初创公司被大机构收购将成为常态。因为一般的初创公司很难将信任和系统建立起来，信任和系统建立起来的，若拿不到规模化的资金，就长不大。”

---

**魏伟** PINTEC 集团 CEO

“相比 2016 年，2017 年不会有颠覆性变化，更多是 2016 年政策、投入和创新的延续。不过，从行业竞争来讲，强者愈强的趋势一定会出现。只不过未来是不是两三家就能把市场吃掉，可能不同的人会有分歧。我觉得至少可以存活一二十家，就算有一两百家，我也觉得在合理的范围内。”

## 产业概述

中国宏观经济持续下行，传统商业银行面临净利持续下滑的窘境。而互联网金融行业在经历了如火如荼的膨胀式发展之后，频繁爆出负面新闻，很多互联网金融企业无法把关风控，或面临不合法、不合格的风险，对整个行业健康发展带来了巨大挑战。

随着行业监管要求和准入门槛的提高，以及一系列法规政策的颁布，2016 年互联网金融企业结束了野蛮生长，开始往合规性靠拢。合规企业的品牌效应会凸显，不合规的企业将在行业的洗牌与整合中被淘汰，但中国金融产业变革仍处于上半场。

互联网金融主要包括互联网支付、网络借贷、网络理财、消费金融、股权众筹融资、互联网保险、互联网信托等细分领域。其中，蚂蚁金服、陆金所、京东金融、腾讯金融等都是这个行业的重量级玩家，它们依托公司资源，在支付、理财或借贷等细分领域积累了海量用户。

移动支付作为互联网金融的入口，关键在于黏住商户和用户。目前主要分 2B 和 2C 两大类。2B 的支付包括快钱、汇付天下、易宝支付、通联支付等；2C 的支付包括微信支付、支付宝、QQ 钱包、银联在线、拉卡拉、Apple Pay 等。前者属于闷声发财类型，后者以微信和支付宝为代表的二维码扫码支付渗透率最高，以 Apple Pay 为代表的手机 NFC 支付在国内尚未成为主流。

第三方移动支付市场交易份额见图 9-1。

易观发布的 2016 年第 1 季度数据显示，移动支付市场总体格局相对稳定。支付宝在移动支付市场份额出现下滑，但仍以 63.41% 的市场占有率位居首位；财付通市场份额上升明显，主要归功于春节红包及社交转账交易频繁的拉动；拉卡拉市场份额为 5.37%，位列第三。

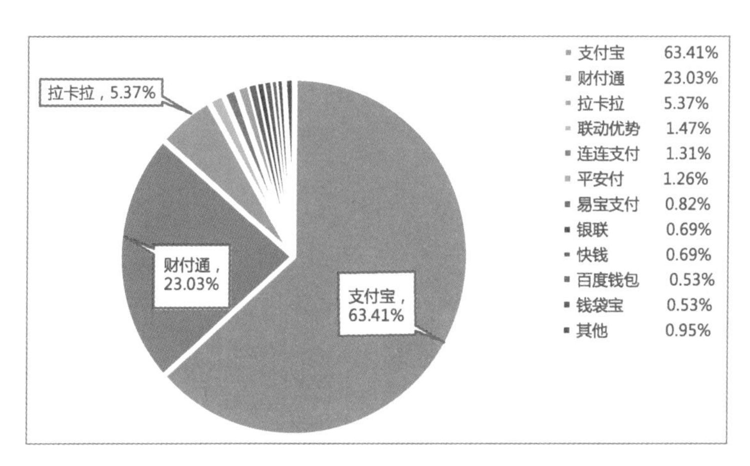


图 9-1　第三方移动支付市场交易份额

数据来源：易观。

网络借贷，包括个体网络借贷（即 P2P 网络借贷）和网络小额贷款。在众多网贷平台中，陆金所（已转型成综合投资理财平台）排名第一，成交量遥遥领先；红岭创投次之，由于太过依赖大额标的，在《网络借贷信息中介机构业务活动管理暂行办法》出台以后，其核心业务受巨大冲击；宜信旗下宜人贷成为中国唯一一家赴美上市的 P2P 公司。

P2P 网贷平台在历经了 3 年的疯狂成长之后，于 2015 年第 4 季度增速持续放缓。据网贷之家的数据显示，自 2016 年年初起，P2P 网贷行业正常运营的平台数呈持续下降态势。这无疑与 2015 年年底互联网金融整治，以及《网络借贷信息中介机构业务活动管理暂行办法》等法规的出台息息相关。

2016 年 P2P 网贷行业正常运营平台数量走势见图 9-2。

消费金融领域，目前处于三足鼎立之势。主要玩家包括通过信用卡贷款的商业银行、拥有消费金融合法牌照的消费金融公司，以及依托于电商平台、P2P 平台的互联网消费金融公司。

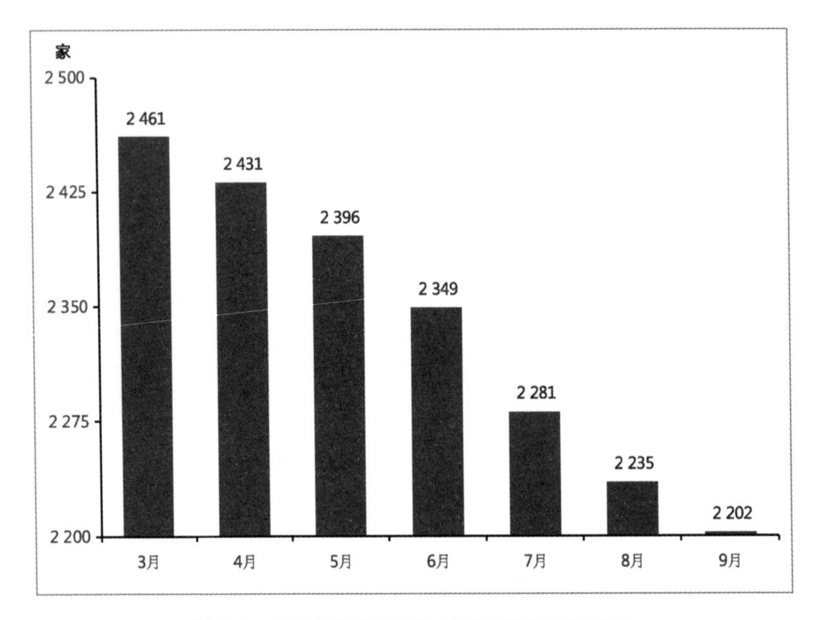


图 9-2 2016 年 P2P 网贷行业正常运营平台数量走势
数据来源：网贷之家。

乐信集团（原“分期乐”）、趣店集团（原“趣分期”）分别以校园分期购物起家，目前都已成为互联网消费金融领域的独角兽企业。乐信集团还希望在印度复制下一个“分期乐”，投资了班加罗尔的大学生分期平台 KrazyBee。

据艾瑞咨询的数据显示，2013 ~ 2014 年，中国互联网消费金融市场处于起步阶段；直到 2015 年，政策试点扩大范围，央行开放征信牌照，从互联网巨头到初创公司都开始布局消费金融。市场在延续过去两年强劲增长的势头下，开始井喷式发展。

2011 ~ 2019 年中国互联网消费金融交易规模及增速见图 9-3。

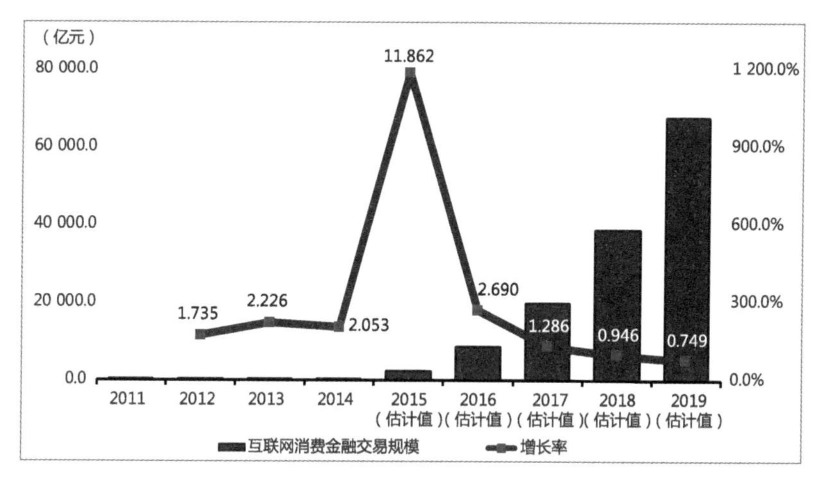


图 9-3　2011 ~ 2019 年中国互联网消费金融交易规模及增速

数据来源：艾瑞咨询。

在股权众筹领域，入局企业众多，但目前尚未出现一家业绩广受业界或资本高度认可的公司。

在互联网保险领域，由蚂蚁金服、腾讯和中国平安联合投资的众安保险一马当先，上一轮融资估值已经接近 500 亿元人民币。除了众安保险之外，泰康在线财险、易安财险、安心财险这三家企业也都拿到了保监会下发的互联网保险牌照。

保险需求端持续完善，产品端创新层出不穷。据保险业协会数据显示，2016 年上半年互联网保险市场累计实现保费收入近 1 430 亿元，是上年同期的 1.75 倍；现阶段，互联网保险呈现保费收入增速快、与场景融合度高，以及产品标准化等特点。

互联网金融行业的蓬勃发展离不开资本的推动。IT 桔子的统计数据显示，2010 ~ 2012 年，行业每年的融资仅发生 30 起左右；到了 2013 年，上升至 70 起以上；接下来两年更是迅速攀升至 300 起和 570 起。直到 2016 年，迎来资本寒冬，互联网金融公司获取融资的难度加大，且业务估值也在下滑，整个行业发展将更为集中，迈入并购整合期。

# 未来趋势

## 2017 年市场两极分化凸显，或迎来上市潮

2017 年，相关部门对金融科技的整顿还将继续。在这个过程中，不少企业被迫结束此前赖以生存的主营业务，转而发展小额分散低风险的业务。也有企业将会因为转型不顺利面临倒闭或跑路，尤其是 P2P 领域那些不合规的企业，将有大批倒闭。

对于原本就合规的企业，由于多年建立的品牌优势开始显现，官方协会的认可也让企业受到越来越多的信任，加上一些企业与银行合作得到对方背书，普通用户也不再担惊受怕，因此这些企业的优势反而将凸显。这也就意味着，金融科技企业的两极分化将愈发凸显。

同时，金融科技行业的创业机会在逐渐变少。最早进入者已构建起行业壁垒，初创公司创业门槛已变得越来越高，以往小作坊式的创业已经行不通。新进入者，需要在背景、资金、流量、品牌、人才等方面至少有一项拥有自己独特的优势。

而对于成熟型公司，由于业务量已具有一定规模，随着用户量的上升，成本并没有急速上升，获客边际成本在不断下降，不少公司已开始实现全面盈利。接下来，上市就成了它们要考虑的事。2017 年，蚂蚁金服、陆金所、拍拍贷、乐信集团、信而富、趣店集团等多家金融科技企业都有上市的可能。

## 未来三五年强者恒强，但难以出现一家独大的垄断局面

未来三五年，影响金融科技行业增长态势的外因有很多，如监管、竞争、新技术、新手段、基础支付能力、大的经济环境等，但毫无疑问，两极分化还将加剧，强者恒强趋势还会持续。这一行业还将出现估值越来越高的大企业，甚至有望比肩 BAT。

但由于金融市场足够大，且风险越分散越好，这使得中国金融科技行业仍然难以出现类似搜索、社交或电商领域一家独大的垄断局面，未来三五年内金融科技行业可能出现多家巨头。

那么，怎样的平台能成为巨头呢？其中一大变数是风控能力，一个平台要创造价值，就要考虑投资端客户体验，能否给他们提供安全透明的投资环境很重要。做不好风控，就很难发展。

另一大变数是信用的建立。金融本质上靠信用支撑，倘若没有建立足够的信用，拿不到规模化的资金，就很难做大，做不大融资，成本就降不下来，永远只能做资质差的客户。而平台必须赚钱，所以其只得定高利率，这时只要大型机构砸百亿资金进入这个行业，就很容易被淘汰掉。所以，现阶段任何一家金融科技初创公司若还想从零开始，机会就比较渺茫。

### 技术创新，中国金融变革下半场的驱动力

目前，中国金融科技创新更多集中在以消费者为中心的商业模式层面。比如，银行简化运营来提升客户体验，向数字化、移动化转变；支付平台注重满足消费者快速、便捷、安全的需求。

但在未来，新模式不断涌现的同时，大数据、人工智能、生物识别、反欺诈、区块链等技术将创造性地提升金融风控水平，重新定义传统金融产品，比如智能投顾平台可能会开启资产管理的全新时代。

## 分水岭挑战

### 野蛮成长红利结束，风控或信用不过关者将难以成长

互联网金融经历了一段野蛮成长期，但随着互联网红利的消退，最终会回归到商业本质。互联网金融的本质是金融，金融的本质是风险和杠杆。

整个行业监管和游戏规则出来后，互联网金融分水岭变得愈发明显，未来几年会进入一个整合期，风控安全不过关，或没有信用支撑的公司将拿不到规模化的资金，很难做大。

### 行业迎来新一轮洗牌期，不合法、不合规平台将被淘汰

互联网金融专项整治将于 2017 年进入收官阶段，整个行业将迎来新一轮洗牌期。以 P2P 网贷平台为例，在历经了 3 年的疯狂成长后，于 2015 年年底开始增速放缓；直到 2016 年年初，P2P 网贷行业正常运营的平台数呈持续下降态势。由此可见，《网络借贷信息中介机构业务活动管理暂行办法》中的负面清单制度给众多小型网贷平台造成了致命打击，尤其是那些不合法、不合规的平台将注定被淘汰。

# 新技术 / 新模式崛起

## 互联网金融公司与传统金融机构在不断融合

传统金融机构一方面投资互联网公司的创新技术来加强风控能力，另一方面也通过打造 P2P 网贷平台等方式强化线上能力。而 BAT 等互联网巨头则通过入股传统基金公司或证券公司的形式，在其移动端平台销售理财、基金、证券等产品。

## 第三方支付走向多元化

国内第三方移动支付经过了一段时间的井喷式发展，目前基本格局已定。大玩家支付宝和财付通占据了八成以上的市场份额。未来各方更有可能加码线下市场，赢得更多线下商户和用户。并且随着出境游的蓬勃发展，跨境支付也成了支付宝、微信、银联争夺的大蛋糕。同时，第三方支付企业也将拓展业务到多元化金融服务平台，如基于支付的供应链金融服务。

## 消费金融资产证券化

消费金融领域的新模式如资产证券化会在未来几年落地成熟。目前，国内互联网消费金融市场发行主体基本是京东金融、阿里巴巴小贷、分期乐与宜人贷等。ABS 基础资产主要是个人消费形成的债权，以及向小微企业发放贷款形成的债权。

但互联网金融机构资产证券化也面临着一些阻碍。比如，市场认可度有待提高，主体评级难以实现，社会信用体系有待完善，发行成本较高等。随着未来互联网网民数据的进一步丰富和挖掘，基于大数据的金融产品风险定价模型将成互联网金融债权产品的核心。

## 理财类产品智能化与个性化

互联网理财平台的创新点在于打造更多生活场景，实现金融产品的个性化，打造一站式移动证券服务平台，从而满足网民投资理财需求、小微企业融资需求。其中，智能投顾平台将开启资产管理的新时代。美国创新代表，如 Wealthfront、Betterment 等。

在线理财管理平台 Wealthfront 基于其模型和软件技术，为客户定制包括股票配置、债券配置、房产投资等投资组合建议。其优势包括低成本（年费率远低于美国传统投资理财机构），通过量化投资模型将人为不确定因素降到最低，投资风险分散化，信息相对透明。

同样，以色列公司 Bondit 开发了一款专注债券投资的机器人顾问 SaaS 软件，能基于机器学习算法，提供债券投资组合设计、优化、调整、监控及分析的一站式服务，覆盖整个投资交易链条。

## 大数据征信服务

在互联网保险领域，美国不少公司与医疗跨界结合，衍生出新模式，比如估值高达 30 亿美元的 Oscar，就是基于大数据分析，简化看病、理赔等流程；美国医疗保险公司 Clover Health 通过大数据分析监测用户健康状况，有效预防用户的相关疾病，减少他们的医疗支出。

海外也有基于大数据进行放贷的公司，如 Zestfinance、Kreditech 等。德国数字银行 Kreditech 通过大数据对申请人进行信用评分，其算法会分析近两万条数据，包括电商、社交、位置等数据。一旦评估通过，15 分钟即可完成放款。但要将每个角落的信息数据转化成个体信用，就得精准判断哪些是真正有效的数据，以获得更多主流信息。

## 生物识别技术引入金融

生物识别技术现已用于互联网金融公司的远程开户，指纹支付也在第三方移动支付应用如支付宝、微信支付、快钱等开启，iPhone 指纹认证开锁已相对普及，未来人脸识别、声纹识别、指纹认证、指纹支付等技术会更自然地应用到金融层面，成为互联网金融必不可少的基础设施。

## 虚拟机器人客服

虚拟机器人也将在未来一段时间落地成熟。目前，信用评估很多还是依靠查看购物记录、社交记录等信息，但用机器学习、大数据技术进行信用评估的浪潮正在加速。同时，虚拟机器人将更广泛地用于客服、理财、转账等场景，未来虚拟机器人还将为用户提供投资组合和理财方案。

## 反欺诈模型落地业务场景

反欺诈技术也有望在未来一段时间内落地成熟。目前，很多平台已积累了大批量、多维度的数据，有助于构建大数据平台，以及反欺诈模型。但反欺诈也要落实到对业务场景和产品渠道的把控上。目前的问题在于，信息不共享，包括黑名单，行业巨头们也不开放它们的数据。

## 区块链技术成为热门

最后是区块链技术。管理咨询公司 Accenture 发布最新调查结果显示，九成欧美大型银行在参与区块链支付应用研究。Visa 将推出区块链支付服务，瞄准 B2B 跨境支付。

区块链技术打破了单一中心化，其公开透明、数据库可靠等优势有助于解决社会透明和信任度问题。在金融层面的表现是，可以极大地降低整个金融系统的成本。

其中一个应用场景是证券交易。因为通常情况下，证券交易得经过中央结算机构、银行、证券公司和交易所这四大机构的协调才得以完成，效率低、成本高，且此类模式造就了强势的中介，金融投资者的权利往往得不到保障，而区块链系统则能独立完成一条龙式服务。

## 全球竞争格局

美国的传统金融在互联网普及之前，就已十分发达。银行做零售金融服务已有 40 年，蛋糕已基本被巨头所瓜分，互联网金融迅速崛起的阻力较大，门槛较高。美国金融科技公司在改变竞争格局，但它们未必能取代银行的中心地位。

而在中国，传统金融本来就不发达，众多长尾客户的需求并未被满足，互联网金融的出现正好填补了这一空缺，所以才能弯道超车，实现爆发式增长。

在商业模式层面，美国仍走在前头，中国很多现有的新金融模式都参考美国，如第三方支付、P2P、智能投顾、货币基金等在美国的起步均早于中国。同样，在技术创新和技术沉淀上，国内金融科技公司还有很大的提升空间。

但在规模层面，中国金融科技公司已经后来居上，主要体现在支付额度、客户数、交易量上。微信和支付宝的支付笔数已超过美国的 Paypal，陆金所的 P2P 成交量也已超美国 P2P 上市公司 Lending Club。未来，中国金融科技公司很可能将进一步拉大与美国金融科技公司的距离。

2016 年，毕马威（KPMG）联手澳洲知名风投 H2 Ventures 发布了《2016 全球金融科技 100 强》榜单，从全球 22 个国家中筛选出 100 家最佳的金融科技创新者。其中，国内有 8 家金融科技公司上榜，分别是蚂蚁金融、趣店、陆金所、众安保险、京东金融、我来贷、融 360、品钛。

从连续 3 年的《全球金融科技 100 强》榜单来看，2014 年上榜的中国公司只有一家，位列 32 位；2015 年上榜的中国公司增加至 7 席，其中众安保险拿下第一名；而 2016 年蚂蚁金融位居榜首。这说明在过去几年，国内金融科技领域实现了高速增长，且增速高于全球。

相对地，曾被认为是金融科技重地的伦敦，却似乎在逐步丧失自己的领军地位。2015 年进入榜单的英国公司有 18 家，2016 年减少至 13 家，且只有 Atom 一家公司跻身前十。

随着全球竞争加剧，且受退欧影响，英国金融科技公司融资的不确定性进一步增加。据英国行业研究机构 Innovate Finance 的报告显示，英国金融科技公司风投资金 2016 年上半年下降了 1/3，而全球金融科技公司的风投融资却增长了近 150%。

所以全球金融科技竞争不断升温，各地区市场出现一定分化。而未来企业较量将更偏重技术创新，金融人工智能、生物识别、区块链等创新技术将革新整个金融行业，重新定义金融产品。

# 10 第十章 社交网络产业趋势

本章分析师：**韩依民 王鑫**

本 章 顾 问：**冼业成**

## 行业领袖洞察

**冼业成** *腾讯即通产品部助理总经理*

“不仅是社交领域，互联网上的各行各业还没有完全理解年轻人，比如年轻人电商产品、年轻人社交产品，都还没有很深入的垂直类产品出现。未来对大平台的威胁，可能就是那些先从垂直类出发的产品。”

EMAIL
EMAIL
EMAIL
EMAIL
EMAIL
EMAIL

## 产业概述

如果说过去几年，伴随移动互联网的发展，中国的社交网络在产品、模式上出现了很多创新，赢得了中国亿万用户并正在重塑着人们的生活方式，现在，中国社交网络产品的影响力已经走出国门，实现模式的反向输出。

2016 年，中国的社交生态大版图没有发生太大变化。微信和 QQ 依然占据着即时通信软件的领先位置，微博则在公众领域继续引领社会话题。微信通过朋友圈、微信公众平台、微信开放平台、微信支付等产品，搭建出了一个基于社交的庞大生态；QQ 在年轻群体中维持着独有的影响力，在 2016 年，这个已经成年的社交软件，在泛娱乐上开始进行更多尝试和布局；过去两年被看衰的新浪微博在 2016 年下半年重回巅峰，在分享信息、引爆社会话题方面保持着举足轻重的作用。

原有垂直社交产品在 2016 年进行了不同程度的创新，比如陌陌引入直播，知乎推出 Live 并引入机构号运营等。这些在商业模式上的创新一方面体现了垂直社交产品原有路径趋向成熟，出现发展瓶颈的现状，另一方面也体现出了垂直社交产品强大的创新能力，以及社交所能带来的巨大想象力。

但与互联网其他垂直行业相比，社交领域的创业热已经降温。根据 IT 桔子的数据，2016 年国内社交网络领域共发生 75 起投融资事件，其中 A 轮之前的早期投资共 56 起，A 及 A+ 轮融资 10 起，Pre-B、B 及 B+ 轮融资共 6 起，C 轮融资 3 起。

看上去，巨头盘踞的社交行业似乎已经缺少创业者的热情以及投资人的支持，但从这 75 起投资交易中仍能看出，兴趣社交、商务社交依然吸引着创业者与投资人的关注。在这 75 个社交创业项目中，有接近一半的项目为兴趣社交产品。

# 用户变迁

## 用户已聚集在头部社交应用，关系链稳固

用户的社交关系链已稳固在头部社交应用中，如 QQ、微信、新浪微博。其他社交产品想要撬动关系链，迁移难度很大。来自应用宝大数据中心的数据显示，用户排名前三的社交类应用汇聚了该领域 85% 的用户，应用表现出超强用户黏性和活跃度。

企鹅智酷调查数据中，一半以上的网民手机里只安装了 1 ~ 3 个社交应用，接近三成的用户安装了 4 ~ 6 个。具体参见图 10-1。

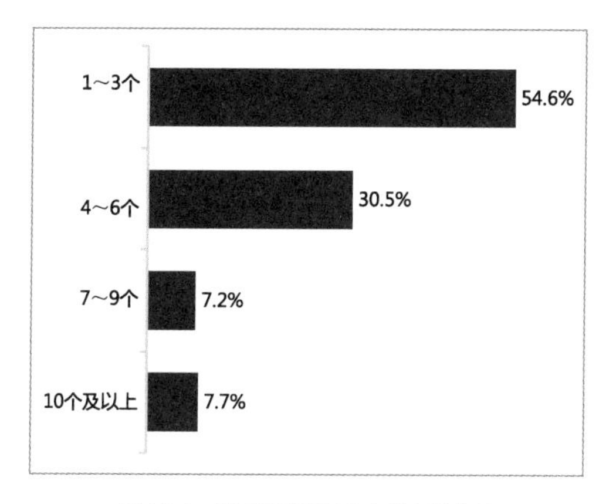


图 10-1　网民手机里社交应用安装数量
数据来源：企鹅智酷调查（2016 年 10 月）。

未来想要进军社交领域的产品，最可行的路线即从垂直用户群入手，尤其是 20 岁以下的学生族年轻人。他们安装的社交应用数量整体高于年长人群，更乐于尝试有趣的新社交应用。

不同年龄段网民手机里社交应用数量差异见图 10-2。

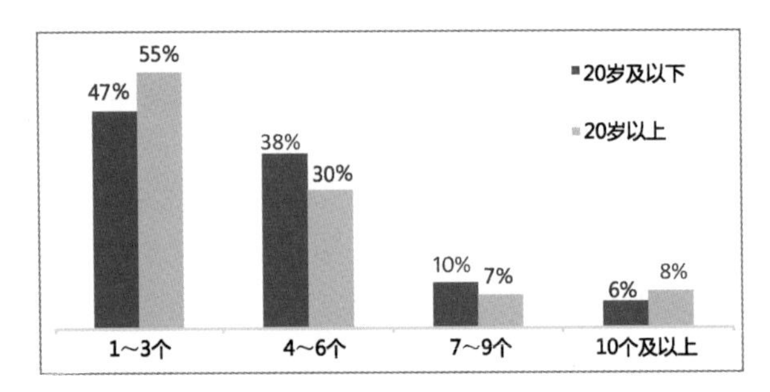


图 10-2 不同年龄段网民手机里社交应用数量差异
数据来源：企鹅智酷调查（2016 年 10 月）。

## 社交应用创新不会停滞，用户期待更好的

虽然头部社交应用在用户规模上有不易被挑战的优势，但产品却处于必须不断创新的紧迫感中。来自调查的数据反馈，七成用户都表示，目前的社交应用已基本满足需求，但他们还在期待更好的产品。

网民对社交应用的总体评价见图 10-3。

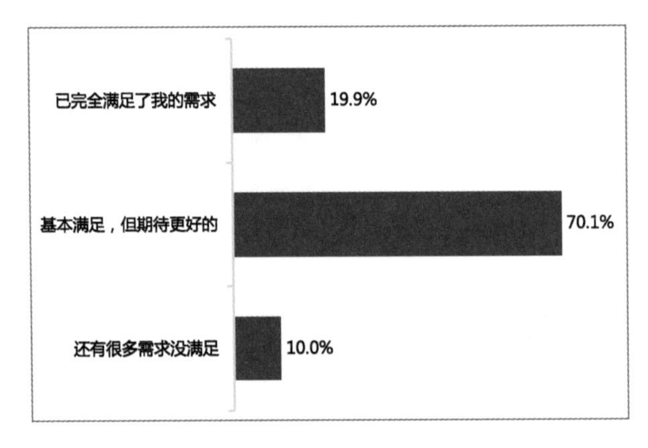


图 10-3 网民对社交应用的总体评价
数据来源：企鹅智酷调查（2016 年 10 月）。

不同的社交应用，未来或将因各自生态和用户使用差异，侧重不同的创新方向，比如微博更偏向强调其媒体生态、QQ 定位年轻人生态、微信侧重服务生态。

### 社交网络趋向视频化，短视频时代来临

用户在社交网络中消费的视频内容快速增长。来自微博官方的数据表示，微博的短视频播放量峰值在 2016 年 8 月达到了 23 亿，绝大部分短视频长度在 5 分钟以下，用户人均在微博上播放短视频的时长达到了 15.2 分钟。微信中的视频内容除了用户分享的小视频，也包括微信公众账号中插入的视频。基于公众号的视频自媒体是 2016 年的内容创业热点。预计未来微信在视频功能方面将有更多动作。QQ 产品升级也向视频录制和分享倾斜，尤其是年轻人表现出更强的视频分享热情。

### 社交进一步族群化，不同族群间信息隔阂拉大

社交网络上的用户因年龄、兴趣等差异，形成了不同的族群。当用户越来越依赖自己在社交网络上的族群关系链获取信息时，不同族群间的信息隔阂不断拉大。以 QQ 推出的“厘米秀”功能为例，这是一个拥有过亿年轻用户的功能，但在 80 后、70 后眼里却是陌生的。这种族群化的社交圈现状，一方面使得信息过于在垂直人群集中传播，不同社群的沟通难度加大，另一方面也对平台提出了多垂直社群运营的要求。

## 未来趋势

### 挖掘现有用户新需求成为大趋势

微信以及 QQ 所拥有的用户数量，基本已探到中国互联网网民规模的极限，新用户能带来的红利将十分有限，如何在保证用户体验的基础上挖掘现有庞大用户群的巨大潜力，是社交网络巨头接下来的重心。

### 三四线用户社交需求呈现区域化特征

国内社交行业的发展已经进入深水区，新的用户增长空间来自更下沉的区域，比如三四线城市。这部分新增用户的社交需求带有区域化特征，有助于激发细分内容的成长。

### 年轻用户呈现更多精神层面社交与消费需求

对于社交网络的下半场而言，年轻人是重中之重。消费升级的主力年轻人带来更多商业上的想象。新新人类 90 后、95 后与互联网共同成长，物质生活优渥，基本生存需求已经得到满足，因此他们更加看重品质化。同时，年轻一代较之前辈更重视精神消费的满足和对未来生活的美好向往，物质需求在生活面所占比例会下降。

### 个性化成为未来社交生态的关键能力

个性化需求使得用户越来越愿意为音乐、文学、视频付费，对精神消费的满足会促使整个内容产业的升级和内容产业的再造。而这些也将对社交产品的内容生态提出更高要求。

### 平台化延展走出社交，聚焦“服务”

与国外社交应用不同，国内社交应用普遍基于社交延展出了更多的功能，搭建了平台和生态。目前来看，主要的社交产品均将开放作为服务延伸的方法：微信即将全面推出的小程序、QQ 推出的泛娱乐战略以及新浪微博强调平台赋能。

### 新技术需要时间来落地

新技术的发展将为社交网络的演进提供更多想象。VR、AR 等载体的变化，人工智能带来的人机交互上的变化，在未来都将有可能重塑甚至颠覆社交网络的展现方式。不过新技术带来颠覆性影响还需要时间实现，在未来的 3 ~ 5 年年轻用户群消费升级仍是主导这一行业变化的主要影响因子。

## 分水岭挑战

### 用户增长放缓，移动端商业化进程提速

社交平台用户增长速度开始放缓，各类产品的移动端商业化进程成为行业关注焦点。来自 Facebook 的财报收入显示，其移动广告收入的增速将放缓。但不同于国外，国内移动广告收入的可挖掘空间依旧庞大。在提升广告精准定位、丰富广告主类型、升级广告形式方面，社交产品的移动广告之路进入关键的升级阶段。

### 社交信息量过载，用户需要信息减负工具

社交产品还没有很好地满足哪些需求？详见图 10-4。

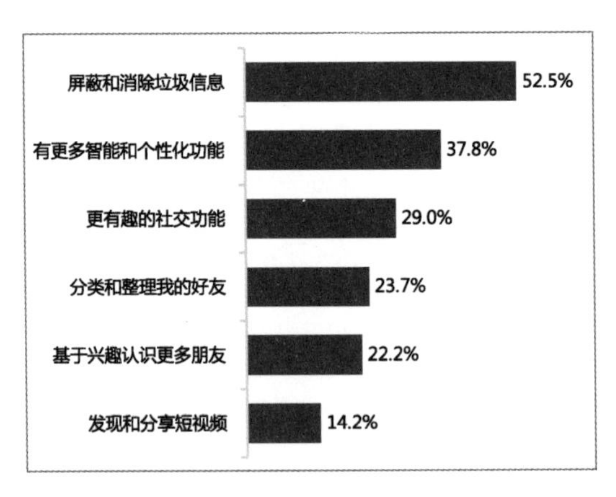


图 10-4　社交产品还没有很好地满足哪些需求（多选）
数据来源：企鹅智酷调查（2016 年 10 月）。

根据企鹅智酷的调查，用户对社交产品功能的期待中，排在首位的一条是“屏蔽和消除垃圾信息”。聚集了最大规模用户群的社交网络，成为人人信息生产和流通的平台。但目前已经出现无效信息过多、社交信息量过载问题，使得用户注意力被打乱、获取有效信息的难度加大。对用户获取信息量进行减负、提升信息获取效率，这类功能优化的优先级在社交平台中提升。

## 移动端垂直社区创业机会仍待挖掘

社交网络中垂直领域信息正在不断丰富，用户族群化交流需求迫切，但移动端垂直社区的建立仍未成熟，这是在大的社交平台之外，留给创业者的市场机会。以年轻人的视频观看需求为例，视频网站里 b 站的成功是一个值得学习借鉴的案例。而在研究年轻人的社交需求、不同兴趣群体的社交需求等方面，创业者还没有找到有效的产品路径。

# 新技术 / 新模式崛起

## 人工智能：增强社交平台个性化服务

社交平台是应用人工智能的最佳平台之一，拥有大量用户行为数据和触达用户的直接渠道。从用户需求看，接近四成用户希望社交产品有更多智能和个性化功能。

当前人工智能较易切入的方向包括：答疑解惑类对话机器人、智能阅读内容推荐、个性化产品界面等。整体突破仍处于一步一步的尝试过程中，未出现成熟易用的产品模式。

## VR 和 AR：虚拟社交场景升级

在社交平台中，VR 和 AR 技术带来了新的社交场景。Facebook 在这方面的探索给了国内社交平台启发。回顾社交平台的发展历史，计算设备和社交场景的变化，往往意味着新的社交平台崛起机会。因此，国内社交产品在该领域的投入会不断持续。

# 全球竞争格局

移动互联网刚刚兴起的前两年，以微信为代表的国内社交网络产品曾掀起一股轰轰烈烈的国际化潮流，两年时间过去，中外社交网络产品发展状况已经各有不同，而曾经意图攻占海外市场的本土社交网络产品，如今已经成为美国互联网行业学习的对象。

从被动到主动，中国社交网络之所以能够在国际竞争中立足，主要源于模式上的创新。

2012 年 4 月，微信上线朋友圈功能，这项功能的上线，创新性地将 IM（即时通信）与社交网络两种形态的产品整合到一个 APP 中，这是微信的一大创举，而朋友圈当前已经成为国人最常使用的社交网络。

同样是在 2012 年，微信公众平台上线，这个平台最初只提供文字推送功能，后逐渐上线 LBS、自动回复、技术开发接口，公众平台主体类型也逐渐增多，目前已经有订阅号、企业号与服务号。在两年的发展历程后，微信公众平台不仅成长为巨大的内容创作及分发平台，也通过企业号与服务号等成为容纳企业更多服务，为用户提供更多服务的平台。

如今，在微信公众平台、微信开放平台以及微信支付等多重产品的组合下，微信已经成为一个能为人们提供衣食住行各项服务的超级 APP，这些功能早已拓展出单一的社交范围，而这种基于社交关系链并不断扩大应用场景的探索，最终在两年后产生了足够影响海外市场的力量。

与国外同业相比，国内社交产业最大的特点在于社交与多种场景和功能的结合。

不过这并不意味着它们出海会更加容易。由于各国用户习惯的差异，以及各地本土化产品的狙击，且由于社交关系一旦在某个产品上形成便很难出现转移，因此要想让微信等中国社交应用直接在海外落地并不是一件易事。

如今，微信的国际化战略已经发生一些改变，从获取海外本土用户，到为出境的中国游客提供服务。这意味着微信海外战略的目标群体已经从海外地区的本土用户，转移到中国出境游群体上面。这样的转变看上去似乎丢失了海外市场份额，但是从服务端切入，也许蕴藏着更大的机会。

一方面，为海外中国用户提供服务可以加强这部分用户的依赖和信任程度；另一方面，对海外服务端的改造有可能实现另一种方式的本地化。

本土化依然是国内社交产品走向全球的最大瓶颈，但从实体业务切入，以中国模式进行改造说不定是一个好方法。

# 11 第十一章 旅游产业趋势

本章分析师：**韩依民 邹晓婷**

本 章 顾 问：**于敦德 肖异**

## 行业领袖洞察

**于敦德** 途牛旅游网创始人、董事长兼 CEO

“旅游行业是有周期性的，整个行业现在处在相对平缓的阶段，资本降温，这是个修炼内功的好机会。但是接下来 3 ~ 5 年会出现逐渐上升的趋势，需要开发多样差异化的旅游产品，来满足客户多样差异化的需求。”

**肖异** 穷游网创始人、CEO

“对于旅游产业，移动平台是一种触达用户的方式，但是触达用户的方式有很多，我觉得我们不用刻意说所谓的移动互联网或者什么 APP，很多时候你需要回归一个生意的本质，更应该清楚你的用户是什么样的一批人，你给他们创造什么样的价值，你的价值传递到你的用户的挑战有哪些。”

## 产业概述

在线旅游行业在 2016 年彻底褪下了迷人的外衣，开始向参与这个行业的玩家展现出它残酷的一面。经过产业大合并后，整个格局已趋于清晰和稳定。

巨头血腥厮杀结束，以及仍在延续的资本寒冬，为创业者带来了极大的生存挑战。从 2015 年下半年到 2016 年年中，在线旅游创业项目出现批量死亡现象，其中不乏一些明星创业项目。在线旅游明星创业公司淘在路上以及麦兜旅行、爱旅行已经倒下，主打目的地旅游的海玩、玩途以及我趣都在转型。旅游网站应用活跃用户数排行见图 11-1。

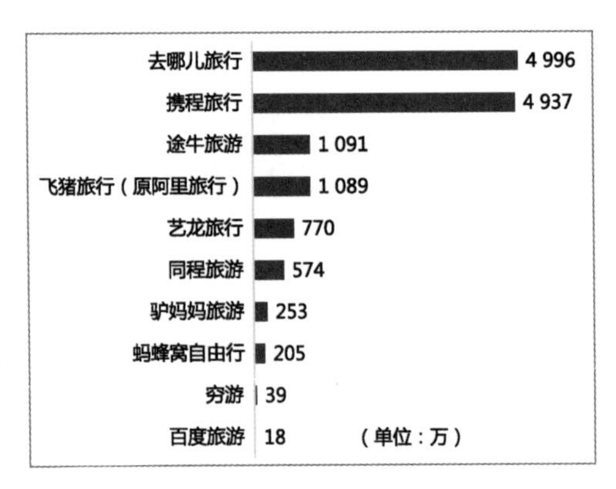


图 11-1　旅游网站应用活跃用户数排行（9 月）
数据来源：QuestMobile（2016 年 9 月）。

行业新风向使得幸存的参与者们改变了行事风格。与前两年烧钱成风的现象相比，进入 2016 年，在线旅游行业整体向理性回归。无论是已经在市场谋得了一席之地的二线在线旅游企业途牛、同程，还是进入行业不久的创业者，均将造血能力放在更加重要的位置上。

整体来看，在线旅游虽然已经出现巨无霸，但竞争仍未结束。巨头已经踏上新征途，创业者跨入转型的生死场。

## 用户变迁

中国在线旅游行业格局愈渐清晰，同时在资本降温的背景下，旅游业的变化更多由用户及其需求决定。中国旅游用户的变迁呈现以下特征。

### 旅游渗透率城市相差不大，用户已从大城市下沉至中小城市

国家旅游局数据显示，2015 年共有 41.2 亿人次出游，比 2014 年的 36.11 亿人次增长了约 14%，相当于全国人口一年旅游近 3 次。

企鹅智酷调查发现，74.8% 的智能手机用户过去一年有过外出旅游的经历，一线城市到五线城市的用户旅游渗透率相差并不大，旅游已经由大城市逐渐向小城市渗透蔓延，成为国人生活中普遍而又重要的组成部分。具体参见图 11-2。

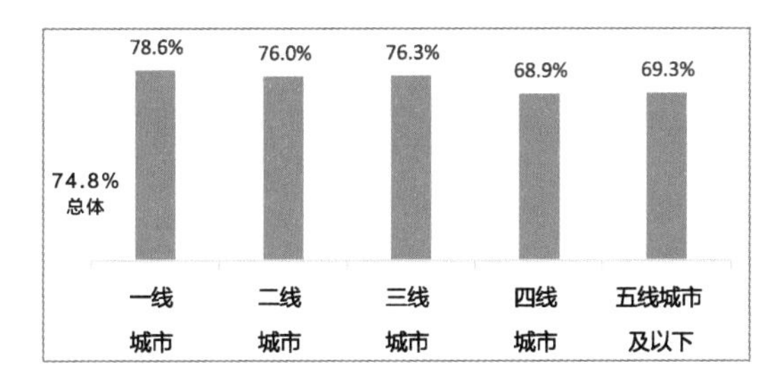


图 11-2　中国智能手机用户外出旅游渗透率
数据来源：企鹅智酷调查（2016 年 10 月）。

### “走出国门”成为趋势，倒逼出境游产品和服务升级

过去一年，用户的旅游目的地主要集中在国内，周边游和出省游是大方向；未来一年，更多的用户表示会到省外看看，37.9% 的用户计划走出国门，感受异国风情，这一比例是过去一年的近 3 倍。具体参见图 11-3。2015 年，国内出境旅游 1.2 亿人次，伴随着国人出境游意愿的提升，预计出境游人次将在未来一两年内迎来较大幅度攀升。

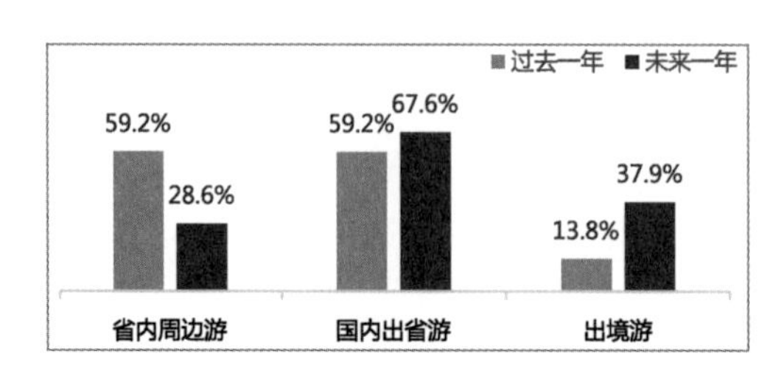


图 11-3 用户旅游目的地变化趋势
数据来源：企鹅智酷调查（2016 年 10 月）。

“走出国门”成国人旅游趋势，围绕着出境游的产品和服务也将迎来升级爆发的黄金契机，我们了解用户差异化需求，平衡好国内旅游发展模式的“复制”和“创新”。在境外游中国企业巨头格局尚未明确的情况下，国内旅游企业值得提前布局，抢占境外旅游市场的先机。

## 90 后年轻用户偏爱自主规划游，对独自出游的接受度较高

年轻人乐于尝试新鲜事物，是旅游新模式、新观点的先锋带动人群，千篇一律的特色和毫不走心的服务很容易让 90 后年轻人感到厌倦。企鹅智酷调研数据显示，近 80% 的 90 后旅游用户倾向选择自主规划的方式旅游出行，对传统的跟团游兴趣最低。具体见图 11-4。

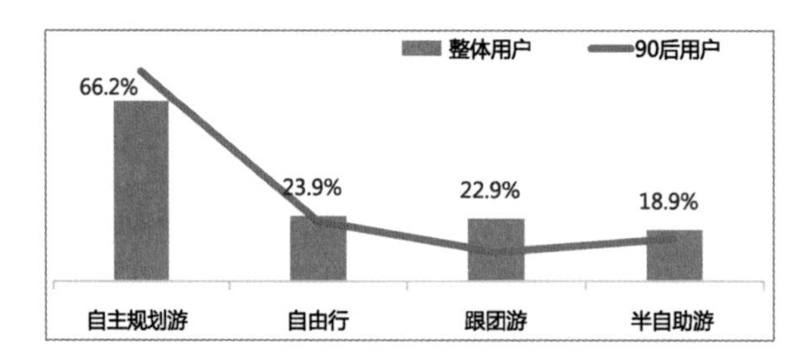


图 11-4 用户选择的出游方式
数据来源：企鹅智酷调查（2016 年 8 月）。

GREENLAND SEA
JAN MAYEN
(NORWAY)
NORWEGIAN SEA
ICELAND
NORTH ATLANTIC OCEAN
AZORES ISLANDS
(PORTUGAL)
CANARY IS. (SPAIN)
CAPE VERDE ISLANDS
GAMBIA
GUINEA-BISSAU
SIERRA LEONE
ASCENSION
(ST. HELENA)
ST. HELENA
(U.K.)
CAPE RACE
SURINAME
FRENCH GUIANA
CYPRUS
LEBANON
ISRAEL
TURKEY
SYRIA
JORDAN
IRAQ
KUWAIT
SAUDI ARABIA
YEMEN
OMAN
EGYPT
SUDAN
RED SEA
ETHIOPIA
SOMALIA
KENYA
UGANDA
TANZANIA
DEMOCRATIC REPUBLIC OF CONGO
CONGO
ANGOLA
MOZAMBIQUE
MADAGASCAR
ARABIAN SEA
COCOS ISLANDS
(AUSTRALIA)
INDIAN OCEAN

而在选择旅游搭档方面，90后用户相对更显示出对独自出游或者亲密关系（男/女朋友）的青睐。年轻人不喜欢过多旅游伴侣，但是也具有陪伴式需求，更多的90后希望在旅途中结识朋友。

自主规划、独自出游是90后年轻人旅游出行的特点，体现在消费选择上，接受配套式服务产品概率会比较低，碎片化场景服务价值凸显（如网络导游、行程中拼游），为满足旅途社交需求，旅游产品与社交链的结合打通尤为重要。

## 旅游行业的整体满意度亟待提升

仅13.9%的用户对目前旅游行业表示满意，非常满意只有1%，绝大部分用户给出了“不太满意”或者“一般”的评价，整个中国旅游行业的用户满意度很低。具体参见图11-5。尽管政策对行业的监控力度在加大，但旅游行业依然站在负面评价的风口浪尖上。提升国内游品质、减少欺诈以及旅游服务收费透明合理是用户最为关心的方面。

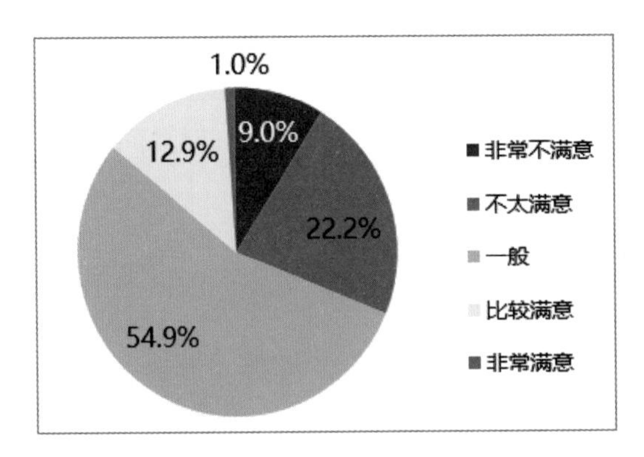


图11-5 用户对旅游行业的整体满意度
数据来源：企鹅智酷调查（2016年10月）。

### 旅游消费支出保持增长，供给侧应加快产品服务结构升级

国家旅游局数据显示，2015 年，我国国内旅游收入超过 4 万亿元人民币，人均花费约 1 000 元，境外游人均花费约 6 000 元。企鹅智酷调查发现，50.4% 的用户表示未来一年在旅游上的花费会增多，39.3% 的用户表示跟之前差不多，只有 10.3% 的用户计划缩减旅游花费。具体参见图 11-6。未来旅游行业的消费支出仍然保持乐观增长趋势。旅游供给侧应加快产品服务结构升级，满足日渐增长的旅游消费需求，积极迎合旅游产业的消费升级。

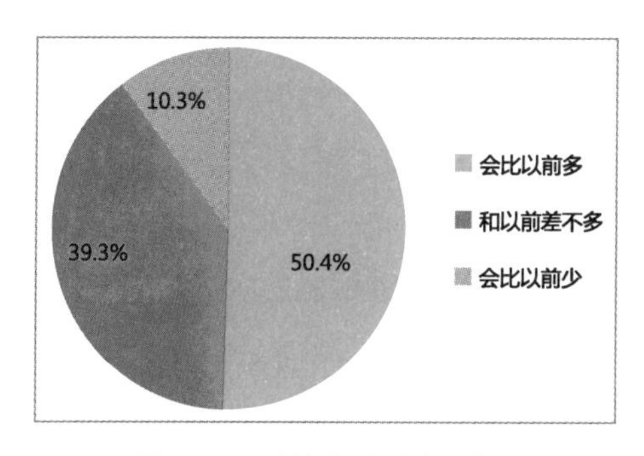


图 11-6　用户旅游目的地变化趋势
数据来源：企鹅智酷调查（2016 年 10 月）。

## 未来趋势

### 线下成为重要获客渠道

在业务模式上，在线旅游行业已经进入纵向深度整合期。伴随线上用户增长速度放缓，未来，线下会成为更加重要的获客渠道。

### 价格战难重演，平台进入拼内功阶段

随着行业巨头合并结束，价格战很难重演，会员体系的建立和营销、对上游资源的把

控、对成本与盈利的控制、对线下渠道和资源的布局将成为在线旅游企业接下来比拼的重点。

## 度假游将成为新热点

旅游度假市场仍在增长，而当前在线渗透率仍不高，对各家在线旅游企业而言，争夺旅游度假市场将成为未来几年的主题。

## 旅游供给端将成为创业新热土

对创业者而言，争夺在线旅游的平台或入口机会已经渺茫，但创业空间仍然存在。由于旅游产业链条非常长，而当前供给端仍存在很多痛点，未来旅游产品供给端会有更多创业机会。

### 上游供应商开始向下渗透

为避免沦为纯供应商，布局线上线下结合的 O2O 模式成为上游企业的新选择。比如航空公司已经加大直销比例，同时开始探索更多商业模式。在这其中，海航与万达是不可忽视的玩家。海航不仅拥有航空资源，更在酒店、旅游资源上早有布局。万达同样如此。

## 分水岭挑战

### 在线旅游行业从“荒蛮时代”升级到“精耕时代”

CNNIC 数据显示，通过互联网和移动互联网预订旅行的用户规模增长均在放缓，互联网给在线旅游带来的用户红利已触顶。具体参见图 11-7。

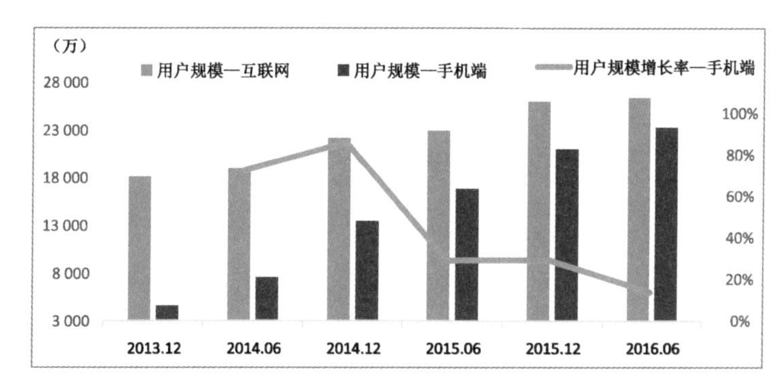


图 11-7 互联网旅行预订用户规模增长趋势
数据来源：中国互联网信息中心（CNNIC）（2016 年 6 月）。

这也将推动在线旅游行业从用户吸收的“荒蛮时代”升级到“精耕时代”。在用户“精耕时代”，在线旅游企业的目光不能只是锁定在用户增量上，而更应聚焦在内功提升上，用优质产品和服务留住现有用户，进而完成忠诚捆绑。在一定程度上，移动互联网的红利消退推动在线旅游行业秩序更为良性健康发展。

## “低价混战”时代已经结束，细分垂直市场和长尾价值值得挖掘

对于在线旅游小企业和初期创业者而言，移动互联网用户红利的消退，意味着在进入市场之时，“烧钱要人”的资本混战已经结束，小企业面临着不断上升的获取用户成本。这个成本不光体现在渠道压力上，产品和服务创新成本更是相比移动互联网红利期成倍上涨。

这就要求新进创业者步伐必须紧紧围绕用户需求走。同时，避免与用户体量大的企业产生同质竞争。产业链长的在线旅游产业所释放的长尾价值仍值得挖掘，在精品定制休闲游市场上，小企业有非常多的创新机会，是从垂直市场起步的旅游创新力量。

## 移动互联网用户红利消退的趋势下，在线旅游企业存活的三条法则

无论对于成熟的在线旅游企业，还是新进创业者，移动互联网的用户红利消退，影响更多的是渠道资源配置，这并不能改变竞争实质，围绕环境现状与趋势进行产品服务的再生与结构化升级才是更为聚焦的精进之策。在移动互联网用户红利消退的趋势下，市场环境呈现出一些竞争机会点。

（1）国内旅游产业的需求远没有充分挖掘及释放，国内旅游市场的巨大需求面对的是有效供给严重不足，可支配收入逐渐提升的国内人民不再只需要低质低价的旅游产品，而是蜕变为高质高价的追求。旅游供给侧应持续挖掘用户多样差异化需求，产品结构和服务升级还有很大发展空间。

（2）国家旅游局发布的 2015 年旅游数据显示，41 亿人次国内游人群中，自由行人群占比 80%，1.2 亿人次出境游客中，2/3 的游客选择自由行，标志着中国旅游市场正式进入散客时代。基于未来仍会增长的出游规模，个性化及多元化的需求将成为今后旅

游出行的重要形态，基于 LBS 技术的碎片化场景服务将会体现较大的用户价值。

（3）旅游出行需求已经全面下沉到中小城市，二三线城市居民基数大，移动互联网的高速渗透仍在持续，移动互联网给在线旅游带来的剩余红利更为集中在二三线城市，未来更多新的旅游市场增长点将由中小城市带动，在线旅游企业应加大渠道和产品配置向二三线城市倾斜，“抢跑”进入在线旅游行业增值空间的主战场。

## 新技术 / 新模式崛起

### 新技术应用尚处于展望阶段

以 VR（虚拟现实）、AR（增强现实）、AI（人工智能）、云计算为代表的新技术正从尖端技术领域逐步走向公众视野，其应用规划在诸多行业中进入大胆假设和落地阶段。旅游产业与传统线下产业结合较紧，对用户的价值也最终体现在线下服务。在现阶段，旅游产业对现有产业链的依赖远大于对新技术的依赖，在满足旅游用户需求方面仍有较大缺口。新技术对于旅游产业来说，尚处在展望阶段，距离成熟的实际应用还有很长的路要走。

### 大数据拥有更为乐观的开发应用价值

在线旅游预订的用户规模与交易规模在逐年上升，海量数据的实时生成正在释放出巨大的商业价值，大数据助力了解客源市场情况，判断用户需求，进而预测旅游趋势，精准投放游客真正需要的旅游产品。大数据透视用户在旅游各环节的行为态度，串联着整个旅游生态，在技术领域，有着更加乐观的开发应用价值。

### 围绕融合跨界的模式创新更有前景

国家层面的“互联网 +”战略创造了新的经济增长点，“互联网 + 旅游”为旅游产业带来新兴产业价值创新，依托互联网的连接平台，在线旅游产业的融合性变得更强，“旅游 +”跨界交融将是在线旅游发展的新模式。“十三五”期间，旅游与国民生活及乡村、养老、教育等重点领域的“+”将成为新的发展热点，围绕于此，各种相关主题游将迎来发展的春天。

## 全球竞争格局

与发达国家相比，中国旅游行业尤其是线下，依然存在服务质量参差不齐的问题。同时，旅游行业信息流通不畅、信息不对称的问题依然存在。但是中国旅游产业这种发展现状，恰恰为在线旅游企业提供了更大的发挥空间。

在中国旅游行业的发展现状下，在线旅游公司建立的服务标准、成本控制、采购流程等使其拥有了性价比及服务品质上的优势，这些运营及商业模式上积累下的经验，能够为其进军海外市场提供支撑。

同时，快速增长的出境游人群，也让中国在线旅游企业加快了国际化的步伐。比如，为了争夺出境游客，途家、小猪、住百家已经发力海外短租业务，成为 Airbnb 获取中国用户的有力竞争对手；国内出境游所带来的国际机票的快速增长，也让部分创业企业看到了整合信息的机会，促使了类似 PK fare（整合国外航空公司机票系统）的创业公司的出现。

另外，投资也成为行业巨头尝试国际化的探路石。2016 年 1 月 7 日，携程对外确认，向印度最大的在线旅游公司 MakeMyTrip 投资 1.8 亿美元。后来，印度两大在线旅游巨头 MakeMyTrip 与 ibibo 结束竞争关系，在合并交易最终完成后，携程此前投资 MakeMyTrip 的可转债将转化为普通股，约占 10%。

资本扩张、商业模式输出、基于中国出境游游客的海外业务落地，是中国在线旅游公司国际化的主要方向。

本地化将成为中国在线旅游企业出海的主要挑战，不同国家线下资源的发展现状、消费习惯将考验国内在线旅游企业的运营能力。

Search

# 12 第十二章 电子商务与零售产业趋势

本章分析师：**孙宏超 杜会堂**

本 章 顾 问：**徐雷 刘楠 陈欧 张文翊**

## 行业领袖洞察

**徐雷**　京东集团高级副总裁

“大数据、云计算、物联网是和电商关联性最强的三项前沿技术，未来三年，我最看好大数据在电商中的应用。商品个人化推荐、物流效率提升——电商核心竞争力的提升都离不开大数据。”

**刘楠**　蜜芽宝贝创始人、CEO

“面对市场变化，从行业角度来说，企业只能用修炼内功、提高效率来提升竞争力；但从公司自身角度讲，公司节奏与行业节奏未必一致，得按自己的节奏来。所以面对变化，最重要的是：在行业放慢节奏时提升效率，在公司节奏里要发现更多机会，不能太保守。不能说每个尝试一定能让公司立刻不同，但仍要保持不断尝试、不断创新的状态。”

**陈欧**　聚美优品创始人、CEO

“过去十年，电商的发展帮助消费者完成线下到线上消费的迁移，PC 到移动端的市场流量不断被挖掘。未来三年，电商最主要的发展方向应该是内容电商，即购物场景化的搭建、购物体验的升级。”

**张文翊** 亚马逊中国总裁

“电商在 2017 年将更加回归商业本质：丰富的选品、可信赖的品质、透明的价格、稳定便捷的配送体验。电商行业不仅要做到持续满足消费者的现有需求，更重要的是挖掘消费者的潜在需求，为消费者提供更为创新的产品和服务。”

## 产业概述

中国电商格局基本确定，阿里巴巴和京东占据绝大部分用户和市场份额。曾被认为有可能挑战两强的苏宁在 2015 年与阿里巴巴结盟，其他在美国上市的电商企业在近两年陆续启动退市。

作为中国电商两强，阿里巴巴开始将注意力投向电商之外的市场，在文娱、金融、物流、旅游、医疗健康等领域均有布局；京东则转向线下，借助电商带来的巨大流量拓展线下市场。

综合目前国内电商发展形势，跨境电商、商超 + 生鲜、农村电商是未来主要的发展方向。

2015 年以后，跨境电商进一步成熟，市场开始实施“末位淘汰”。一些商业模式被现实证明并不合理，它们的发展力量越来越弱。另一边，跨境电商的商品结构、流转方式和商业模式也在发生变化。

据商业部统计，2015 年全国进出口贸易总额同比下降 7%，但跨境电商增速超过 30%。尽管 2016 年 4 月实施的跨境电商新政曾引起市场紧张，但之后跨境电商还是回到主赛道。工信部 10 月公布的统计结果显示，2016 年上半年跨境电商规模达到 2.6 万亿元，同比增长 30%。未来它仍将是电商重要的发展模式。

商超 + 生鲜是电商 2016 年重点布局的市场。商超品类拥有高复购率的优势，生鲜类商品的优势更明显。线下超市销售中，生鲜类商品能够占据近五成的份额，同时毛利率极高。在市场增长放缓的背景下，商超 + 生鲜将是电商难得的增量市场。

农村是电商下一个战场。截至 2015 年年末，中国农村人口 9.3 亿，是巨大的消费市场。但农村同时存在交通不便、网络覆盖不全等问题，意味着企业要付出更高的成本。

## 用户变迁

2015 年，中国网络购物全年交易次数为 256 亿次，人均交易次数 62 次。具体参见图 12-1。促使电商交易总数、人均交易次数明显提升的原因在于：

（1）随着网络普及，在线购物已逐渐成为大多数网民的消费习惯。

（2）移动电商快速增长。手机购物缩短网络购物决策时间，拓宽支付场景。越来越多的人通过手机完成网购。

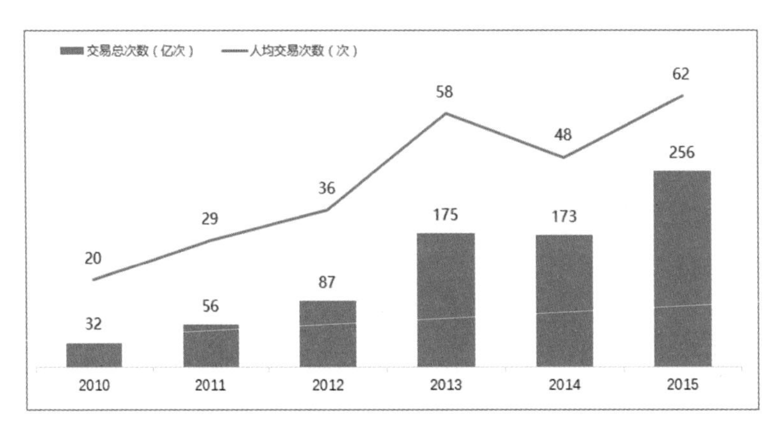


图 12-1　2010 ~ 2015 年中国网民网络购物次数
数据来源：CNNIC。

在新的市场环境下，网购用户开始表现出新的消费特征。

### 用户开始重视商品品质，不再单独追求低价

70.8% 的用户会同时考虑品质与价格，24.6% 的用户会因为高品质而忽略价格，只有 4.7% 的网购用户会因为价格而略微牺牲品质。

### 男性网购消费潜力开始释放

男性用户每年网购的平均次数为 32 次，高于女性的 30 次。男性用户展现出巨大的网购潜力。

从 2016 年开始，电商从购物消费模式向服务消费模式延伸，拓展电商媒体功能，引入内容进行兴趣导购。用户的消费习惯也同时发生转变，网购品类、网购活跃度进一步提升，移动端超越桌面端成为主流的购物模式。

## 未来趋势

### 大型电商公司开始金融化

国内电商市场已基本确立市场格局，代表型公司却正在逐渐脱离电商战场，转而将精力投向金融等领域，如通过支付参与消费金融、供应链金融等。电商只是它们重要的流量来源和现金来源。

### 电商平台依托数据进行精细化升级

未来 3 ~ 5 年，电商战场内的玩家会更加追求数据的精细化，促成至少三项变化：

（1）流量入口多样化，直播、VR、社交、线下商场等场景都会成为接入电商服务的入口。

（2）流量处理更加精细，根据不同入口反向定制商品，用户画像的绘制也会更细致。

（3）商品品类会持续增加，服务入口的增加会带动非标准品的销售，生鲜、跨境商品的数量和品类会显著提升。

### 向产业链上下游深耕

电商行业自身会进行更多的产业深耕，更密切地介入产业链条，例如建设物流巩固服务优势，与其他企业合作补充资源，扩大投资实现对其他市场的布局。

## 分水岭的挑战

尽管经济增速放缓、金融风险增加，但中国国民消费却发展良好。据国家统计局数据显示，2015 年中国居民人均可支配收入达 21 966 元，同比增长 8.9%。具体参见图 12-2。

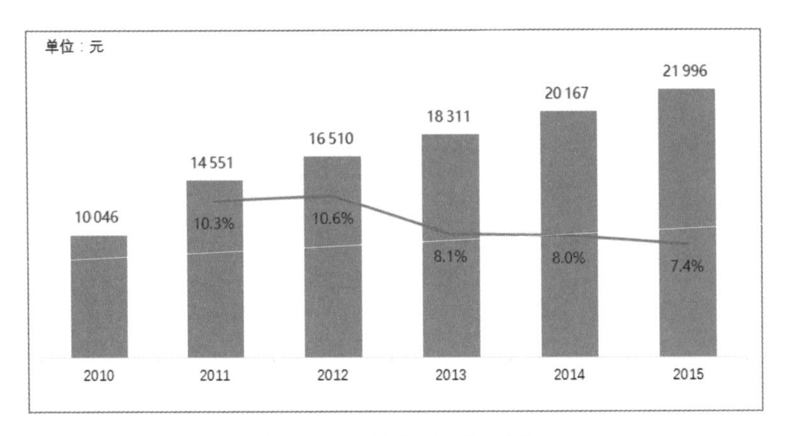


图 12-2　中国居民可支配收入变化
数据来源：国家统计局。

收入增长和电商的快速发展促使人们消费习惯日趋成熟，这将带来一系列市场变化。

### 消费主体发生变化

消费主体是消费行为、消费行业的基础，消费主体改变将为市场带来至少三项变化：

（1）人口结构老龄化促使老年群体需求提升。

（2）“二胎”政策开放后，将增加婴幼儿与儿童的消费需求。

（3）中产阶级消费崛起，品质消费需求提升。

## 产业转变，消费与服务业比重提升

随着人们购物向“消费升级”转变，电商企业的挑战在于能否完成从过去低价策略向商品品牌化的转变，满足用户对服务质量和商品品质的需求。电商企业需要在以下领域持续完善：

（1）提升商品品质或品牌。品质和品牌是用户选购商品时的主要衡量标准，商家需要抛弃过去的低价思维，不能因为价格而损失商品品质。

（2）提升供应链和销售渠道效率。通过组织柔性供应链等更有效的供应链方案，控制商品流通成本，使商品能以更低成本到达买家，增加选择空间。

### 降低选择成本

通过个性化推荐等技术，促使用户能够更快地选购目标商品，减少闲逛和挑选成本。

## 新技术 / 新模式崛起

随着消费升级的到来，大数据、物联网、云计算等技术能够显著改善电商销售和物流效率。随着数据量不断积累和数据处理技术的快速发展，它们会在短期内得到快速发展。

### 大数据

电商极大地改变了用户的消费习惯，但由于商品数量和种类越来越开始呈现非结构化的趋势，传统 IT 基础设备和信息处理技术面临很大挑战。相比传统技术，大数据技术灵活性更强，检索服务也更强大，可以按照用户需求和交易习惯对大量信息进行筛选和显示。这些特征让大数据可以同时胜任市场、用户、商品、消费趋势的分析工作，成为电商领域的核心技术。

### 物联网

现有物流技术主要包括计算机技术、条码技术、RFID 技术、电子数据交换技术、全球卫星定位系统、地理信息系统等。物联网的应用可以进一步提升物流设备的信息化自动化水平，通过在物流设备中嵌入 RFID 电子标签，货架、运输车辆、集装箱、装卸设备、仓库门禁等运输环节中的信息都会被记录在标签中，这些信息会帮助物流管理系统实时掌控各项物流进程，做出最有利的决策。

### 云计算

云计算被视为第三次信息革命，目前已在医疗、教育领域得到应用。对于在电商领域的应用，云计算除了可以防止线上服务因为大量访问而造成堵塞崩溃等问题，更能显著降低成本、提升效率。云计算的数据存储成本只有采购存储设备的 1/10，带宽成本只有后者的一半，但运算能力却可以提升 3 倍。

## 全球竞争格局

中国电商行业和国外相比，拥有非常强大的竞争能力和更丰富的市场机会。中国零售业发展时间不如国外漫长，因此零售体系也相对较差。尚不完善的零售体系为电商的发展提供了丰富的机会。

和欧美相比，中国低廉的人力成本使得物流服务可以快速发展，进而保证了电商的配送效率。

但受限于制造业水平和居民购买力，国内电商的精力主要被用于压低产品价格，没能通过更透明的信息服务带来商品质量的显著提升。

和其他行业不同，电商在贸易中扮演渠道角色，这也就意味着出口型电商在海外的发展主要依赖国内制造业的进步。尽管目前出口型电商在俄罗斯、东南亚、印度等国家展现出大量机会，但限于各地政策，国内电商出海时将会承受很大压力。

至于欧美市场，国内电商面临的挑战将更大。欧美零售业拥有上百年发展历史，供销体制成熟且牢固。国内出口型电商很难在欧美落地。

进口型电商（即跨境电商）在最近两年发展迅速，但它同样建立在此前国内外贸电商发展较差的基础上。更关键的是，由于缺乏对海外产业链的强势控制力，国内跨境电商企业基本只是海外公司在华销售商品的渠道，很难参与产业上游。

因此目前来看，单纯电商行业很难直接出海参与全球市场竞争。收购海外企业独立运营或投资创业公司是切入海外市场最合理的做法。

SCENE

# 13 第十三章 互联网影视文娱产业趋势

本章分析师：**俞斯译 王鑫 李儒超 韩依民**

本 章 顾 问：**王中磊 龚宇 王娟 吴伟林 范钧 雷振剑 刘建宏**

## 行业领袖洞察

**王中磊** 华谊兄弟传媒股份有限公司副董事长兼CEO

“2016 年是国产片和进口片的小年，但 2017 年有很多国内积蓄的力量，会有很多好内容上映。美国大片也会集中爆发。我和大家一样期待 2017 年的表现。”

**龚宇** 爱奇艺创始人、CEO

“2016 年从日活跃用户来看，第一阵营的三家视频网站，跟第二阵营的差距拉大很多，这是对行业而言非常好的一个市场格局。收费业务的竞争会再拼两年，这个业务太残酷了，很难多家共存。”

**王娟** 腾讯视频影视部总经理兼总编辑

“行业已经过了考验用户拉新能力的阶段，现在是考验平台的留存能力和转化能力。这是一个综合能力的表现，即便你有内容，但运营得不好，或者观看太卡，也不行。”

**吴伟林** 腾讯QQ音乐总经理

“未来，VR 和直播进行捆绑，会给用户带来完全不一样的感觉和体验，互动感会更强。但这个技术没有三四年不会成熟，现在是开始思考的阶段。”

---

**范钧** 万合天宜 CEO

“之所以看好网络大电影市场，是因为它将来会和院线市场二分天下。一些片子可能会选择每次让你付 2 块钱、5 块钱在家里就能看。它的票房分成若达到一定的回收标准，大家就会加大投入。”

---

**雷振剑** 乐视体育创始人、CEO

“预计乐视体育会员业务的收入，在 2017 年会占整个内容营收的 70% 以上，广告占比降到 30% 以下。这才是比较合理的收入结构。”

---

**刘建宏** 乐视体育联席总裁

“不认为 VR 会对体育产生革命性的改变，就像 3D 当初出现时说电影要被颠覆了，但并没有。3D、2D 还是并存。VR 这个技术在局部上有优势，但是它不足以整体上去改变体育，这是我对它的判断。”

## 产业概述

在线视频行业在 2016 年仍处于高速增长。艾瑞咨询最新数据显示，2016 年第 2 季度中国在线视频季度市场规模达到 151.8 亿元，同比增长 77.8%，环比上涨 35.5%。季度广告市场规模为 83.8 亿元，同比增长 47.5%，环比上涨 44.3%。

随着用户观影习惯从 PC 端转向移动端，在线视频行业移动端收入和占比都在大幅度上升。2016 年第 2 季度，移动端占整体在线视频广告的比例达到了 60.8%，收入规模首次超过 50 亿元，同比增长 118.6%。

在 2015 年 10 月阿里巴巴全资收购优酷土豆之后，在线视频行业形成了以爱奇艺、腾讯视频和优酷土豆“三巨头”组成的第一梯队，并在整体市场份额和收入规模上进一步拉大了与第二梯队的差距。

视频网站应用日活跃用户数排行见图 13-1。

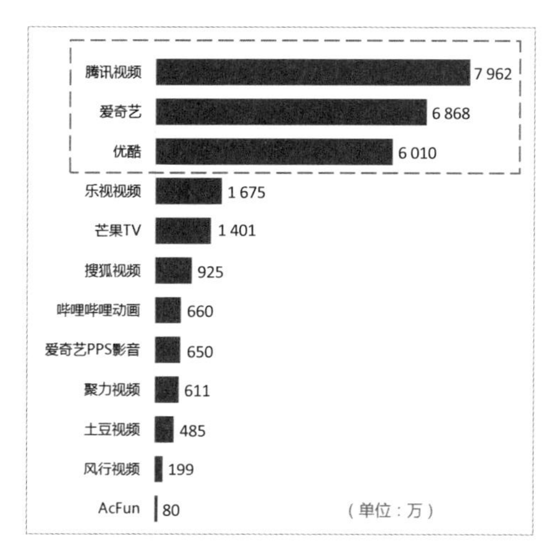


图 13-1　视频网站应用日活跃用户数排行
数据来源：QuestMobile（2016 年 9 月）。

电视剧和大型综艺节目采购价格进一步上升。头部内容整体价格上涨使第二阶队的视频网站更难以获得优质内容，流量和广告更加向第一梯队的“三巨头”集中。

网络剧在 2016 年进一步走向“精品化”，在线视频网站们也加大对自制网络剧的投入，《老九门》成为首部播放量破百亿的自制网剧。

2016 年成为网络大电影的爆发年，从事网络大电影拍摄的公司超过了 3 000 家。与网络剧相比，网络电影的分成模式和商业变现能力还较为不足，且供过于求。接下来的一年将会迎来洗牌。

电影票房在经历了过去 5 年年均 30% 以上的增速后，在 2016 年踩下了刹车。暑期档票房与 2015 年基本持平，9 月和 10 月连续两月出现票房负增长，整体市场低迷。

中国内地票房收入增长趋势见图 13-2。

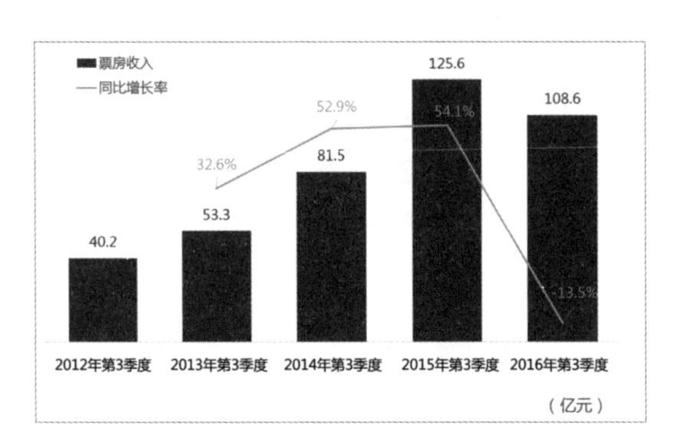


图 13-2 中国内地票房收入增长趋势
数据来源：电影专资办（2016 年 10 月）。

票房过 5 亿元影片从 2015 年的 28 部下降到 23 部，过 15 亿元影片从 4 部减到 2 部。与 2015 年全面开花相比，仅《美人鱼》以超过 33.9 亿元票房一枝独秀，带动 2016 年 2 月以 69 亿元票房首次超过北美。

影院银幕数在 2015 年 3.2 万块的基础上继续保持快速增长，首次超过了 4 万块。以影院规模来看，2016 年将会取代北美成为全球第一大市场。而在影院高速增长的同时，票房陷入停滞，令人更为担忧。

## 用户变迁

### 视频网站用户付费意愿增强，会员用户大幅增长

2016 年，各大视频网站的付费会员数初具规模，爱奇艺和腾讯视频均宣布存量付费会员超过 2 000 万。预计全行业 2016 年来自付费会员的收入已超过 50 亿元。

企鹅智酷 2016 年 6 月的调查数据显示，视频网站付费会员中有 35.4% 从过去不认可付费转变为对付费模式认可。从全体网民调查数据来看，有 48.8% 的用户有望成为视频网站潜在付费用户。值得注意的是，23.2% 的网民认为视频会员值得买，但买一家就够，仅有 3.8% 的网民认为值得买多家。具体参见图 13-3。

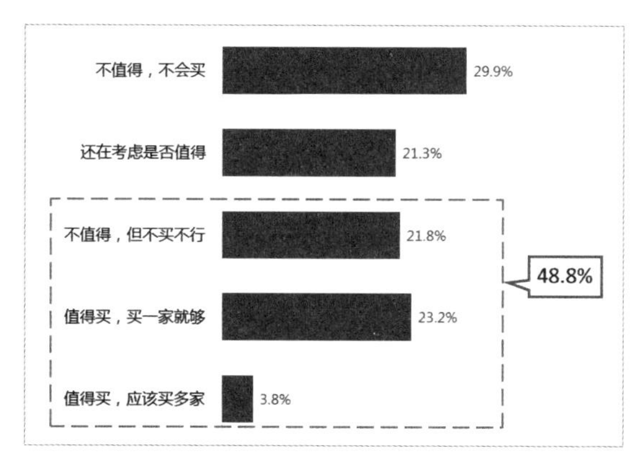


图 13-3　网民对视频网站付费会员的态度

数据来源：企鹅智酷调查（2016 年 10 月）。

调查显示了用户对购买视频网站会员最显著的特征——潜在用户规模乐观，但用户极少同时购买多家。这意味着整个会员市场将有可能在未来进一步翻倍甚至更高，但各家间的竞争也更为激烈。

预计两年窗口期过后，整体会员付费市场将集中在两家视频网站手中，难以存在多家共存的局面。

## 用户对视频内容的喜好走向细分，“全民通吃型”爆款内容减少

能在全网民中形成口碑和话题爆款的内容在不断减少，预计未来全民通吃型内容每年仅限于一两部，而不同类型的用户会细分到追求各自喜欢的内容。

视频网站需要将用户的偏好和不同标签的内容做匹配。针对不同性别、不同年龄段、不同类型片喜好的用户群，视频网站应分别有相应的内容持续输出供给。

虽然用户走向细分，但每一类细分人群的用户规模并不小，类似于适合儿童观看的《小猪佩奇》，其播放量和中等偏上的电视剧网络播放量持平。对细分用户的精细运营，是未来视频网站的用户运营重点。

从长期看，爆款内容走向细分是内容供给侧强增长、自制领域勃发和分发技术不断成熟，所共同作用的。而用户的细分需求一直存在，只是被上述客观因素进一步激活。

## 电影观众对内容评判标准升级，不仅限于娱乐需求

在多屏时代，用户的娱乐需求可以更多通过网络视频内容来满足。对于电影制作行业而言，企业开始重新思考如何满足不同用户的需求喜好。这也会进一步带来不同类型片内容的创作力和质量上升。

从企鹅智酷的调查来看（2016 年对比 2015 年，观影次数增长用户比例减去观影次数

减少用户比例），整体用户观影次数并不乐观。以 25 岁为分界，年轻群体在 2016 年依然保持了更多观影热情，而 26 岁以上用户则在这一年里降低了观影的频率。具体参见图 13-4。

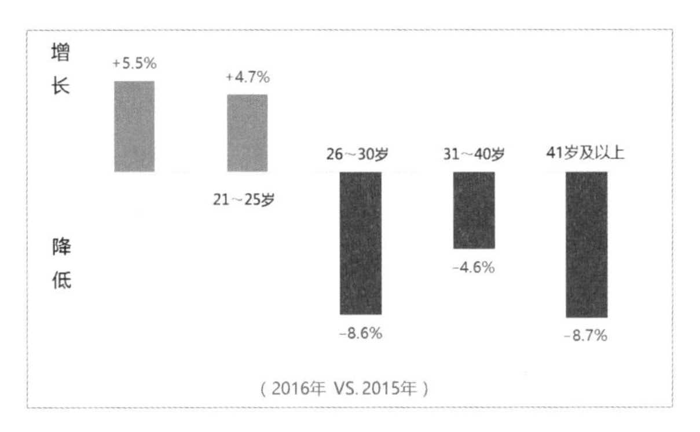


图 13-4　不同年龄段网民去电影院次数变化
数据来源：企鹅智酷调查（2016 年 10 月）。

### 音乐网站付费用户集中在年轻人，粉丝运营先行

从调查数据来看，相比于视频网站 48.8% 的潜在付费用户，音乐网站的潜在付费用户仅有 29.1%。用户为音乐付费的意愿仍未完全挖掘出来。从行业数据看，QQ 音乐的付费用户已超过 1 000 万，但用户集中在年轻人，约 90% 的付费用户年龄在 15 到 25 岁之间。

从商业模式考量，音乐网站目前侧重于运营有追星需求的年轻人，在数字专辑的售卖上，有着大量年轻粉丝群体的明星是发行付费数字专辑的主力。

网民对音乐网站付费会员的态度见图 13-5。

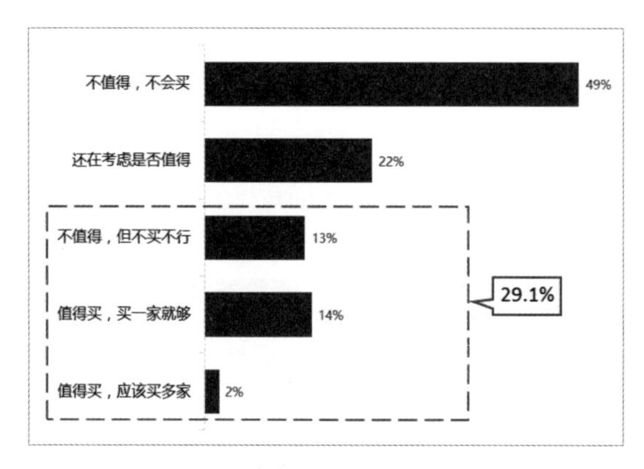


图 13-5　网民对音乐网站付费会员的态度
数据来源：企鹅智酷调查（2016 年 10 月）。

## 未来趋势之在线视频

### 从“拉新”延展到“留存”

随着智能手机用户增长放缓，在线视频行业的新增用户数也将逐步放缓。视频网站对

于用户侧的竞争焦点也将从“拉新”转向“留存”，用户运营能力将更为关键。

### 马太效应加剧，视频行业将进入寡头时代

爱奇艺、腾讯视频和优酷土豆将继续拉大与后面对手的差距，如果不能在产品和内容上做出足够的差异化，中小视频网站的生存将会更加困难。

### 自制内容大规模崛起

电视剧和综艺仍然是视频网站们吸引用户和广告主最重要的内容，但头部内容的眼球效应和商业价值正在被更为立体和丰富的内容体系稀释，自制内容将成为视频网站体现品牌差异化和变现的重要倚仗。

### 移动端货币化加速

移动端货币化将迎来爆发期，同时带动广告和付费会员业务的发展。在接下来的两年，视频网站的收入还将保持高速增长。

### 细分领域成为巨头之外的新蓝海

人们对视频消费的需求将更为多元。以直播平台和 Bilibili 为代表的新势力将成为原有视频网站最大的竞争对手。

### 内容采购泡沫无法长期延续

在线视频行业未来 3 ~ 5 年最大的变数在于内容采购成本，在于收入的增长能否负担内容和带宽开支。当这一轮移动端货币化结束之后，视频网站要想真正变成一个“赚钱的生意”，除了商业和产品创新之外，内容采购的高涨成本也必须得到控制。

### 会员服务将成为未来在线视频各大平台竞争的“关键钥匙”

当下会员具备明显的“追热”和流动性，而破局的关键就是如何通过资源和排期形成持续的用户引力，完成会员从短期向长期转化。由于会员消费具有明显的专注和排他性，以及明显的在线时长增长，因此抢夺更多会员用户，可以从付费和整体内容消费上全面压制竞争者。

### 技术升级将带动广告进一步增长

在线视频行业将在未来 3 年内走出“贴片广告时代”，在会员特权的体系下，原生广告和其他创意性广告将会更多植入视频内容本身，从“打扰式推广”过渡到“无缝式推广”。而视频网站加大自制内容的投入，也有利于进行原生广告和创新模式广告的实践。

## 未来趋势之影视制作

### 中国电影市场有望成为全球第一

在经过 2016 年的回调之后，随着本土和进口大片的集中爆发，2017 年的中国电影市场票房继续保持两位数增长，并有可能突破 600 亿元大关，超过北美成为全球第一大电影市场。

### 互联网公司进一步扩大影响力

以万达为代表的具备全产业链布局的公司将会在行业中占有更大的竞争优势，与此同时，以腾讯、阿里巴巴为代表的互联网公司，将在内容制作市场竞争中扮演更重要的角色。

## 并购潮或在内容与渠道领域兴起

产业链各个环节上的集中度将进一步增强，会在内容和渠道环节出现更多大型和中小型的收购、入股。

## 传统影视公司进一步“触网”

互联网将成为影视公司在电影院之外重要的收入来源，影视公司将投入更多资源开拓包括网剧、网络电影在内的业务。

## 创作公司从网络走向线下

以制作网剧、网络电影为主的创作公司将逐步向传统影视链条渗透。网络和传统影视的互动会变得更加频繁，双方可能出现更多维度的资本合作。

## 中国影视产业进一步国际化

国际化对于电影公司来说将成为一个重要战略。从合作拍摄、版权共享、全球分账到更深度的全产业链中外合作与资本出海，中国电影拥抱全球化的力度，将决定未来整个产业的增长潜能和新驱动力的构建。

## 影视公司面对互联网公司和好莱坞双向竞争

影视制作未来 3 ~ 5 年最大的变数，是 2018 年好莱坞进口片配额放开之后，本土内容能否抵挡住好莱坞大片。与此同时，如何在互联网上体现自己的影响力也将成为影视公司未来发展的重要课题。

# 分水岭挑战

## 移动端增长放缓，视频网站比拼用户留存和付费转化力

视频网站移动端用户虽然整体仍在增长，但增长趋势相比往年开始放缓，具体参见图 13-6。缺少了移动人口红利的推动，对视频网站的考验将聚焦在用户留存能力和付费转化能力上。

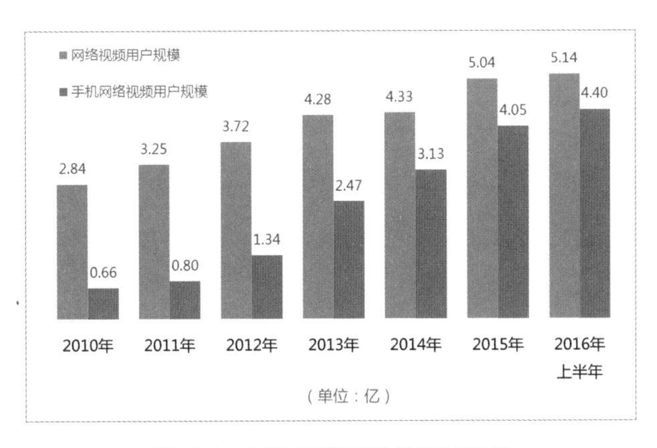


图 13-6　中国网络视频用户规模增长放缓
数据来源：CNNIC（2016 年 7 月）。

相比于其他领域，视频网站的用户忠诚度偏弱，用户追着内容走。当平台出现口碑好的独播剧时，就会呈现不错的用户增长态势。对于优质自制内容和头部内容的争夺，仍是 2017 年视频网站的竞争重点。

提升用户留存率考验视频网站的综合竞争力，不仅需要内容，还需要配备的运营能力和技术储备。

提升用户付费转化率，则要求视频网站重视每一层转化环节，这样才能实现好的转化

效果。比如当用户会员到期，需要适时补充更好的新剧来延长相应付费周期。视频网站需要有相应的细分自制内容储备，这样才能实现制作排播上的灵活。

### 内容成本增速远高于广告收入增速，盈利难度再次加大

视频网站在内容上游的投入成本进一步加大。随着优酷在阿里巴巴的支持下加入战局，行业内容的成本再次水涨船高，这些对于目前没有一家是盈利的视频网站而言，盈利的难度再次加大。行业急需寻找良性的收入增长出路。

会员收入是对视频网站收入的有力补充，针对用户端的收入前景已经开始明朗。在广告收入层面，广告模式创新是下一阶段的突破点，尤其当广告主对自制内容的植入和品牌关联度开始产生更大的兴趣时，基于广告的变现能力也面临新的升级。

### 电商票补红利消退使票房收入受挫，影视制作重新聚焦内容

网络售票渠道的竞争不再追随 2015 年的低价策略，用户因低价电影票吸引而进电影院的现象不再普遍，票房收入因此以几十亿的规模缩减。但行业整体开始将注意力重新回到内容创作本体。

目前国内电影院的空座率仍较高，对用户有吸引力的剧情片依旧稀缺，国产片创作者面临内容创作的升级压力。与此同时，电影工业体系下的各领域人才空白也急需填补，摄影、美术制作人才需求迫切。

### 音乐网站重新回到内容争夺竞争中，内容成本上升

在线音乐市场本已稳定的市场格局重新进入竞争态势，腾讯音乐（QQ 音乐 + 酷狗音乐 + 酷我音乐）站稳市场第一份额后，网易音乐、阿里巴巴音乐（虾米音乐）、百度音乐（联手太合音乐）又高调宣布各项新的资本运作和内容投入。这导致 2017 年的

音乐内容采购又面临巨额成本。整体上，音乐的付费市场态势仍不明朗，各家的商业模式创新压力依旧巨大。

## 新技术 / 新模式崛起

### 大数据应用：视频个性化推荐 + 提升商业决策效率

大数据在视频网站的应用主要实现两方面价值，一方面实现视频的个性化推荐，即按照用户的个人兴趣标签实现内容分发，缓解视频网站流量过于集中在少部分热门头部内容的问题。

另一方面，大数据帮助视频网站提升商业判断效率，比如投资单集 500 万元的网剧，将会带来多少流量、多少付费用户，投资的电影票房会达到多少等。

### 人工智能：深度学习和图像识别用于广告和电商业务

人工智能在视频网站的应用还处于初级的探索阶段，仍未进入实际运用。其将主要应用在广告和电商业务中，比如利用图像识别可以识别出剧中的明星脸以及他穿的衣服和携带的包包，以此对应相应电商购买渠道。

在视频网站的广告模式升级阶段，对新技术的需求力度更大，投入也会在接下来几年随着升高。

### 游戏开发：商业变现渠道多元

无论是视频网站、音乐网站还是影视制作公司，都将游戏开发作为拓展业务之一，大家看中的都是游戏的商业变现能力。手游的红利仍吸引各类公司参与。

以《幻城》为例，虽然其 IP 转化成电视剧业务表现一般，但手游收入表现成功，成为对收入的有效补充。

## 全球竞争格局

中国电影产业将在 2017 年达到甚至超过北美票房，成为全球第一大电影市场。在接下来 3 ~ 5 年，票房规模将继续增长，乐观估计至少将超过 1 000 亿元的规模。

从整个工业化水准、产业丰富度和专业化程度来说，要赶上最先进的好莱坞还需要很长时间。从最终结果来看，中国电影很难向好莱坞一样卖到全球。

短期内中国影视产业或许难以充分参与全球竞争，不过“出海”对于国内电影公司仍然异常重要。因为在未来 1 000 亿元的市场中，好莱坞大片将会占到不小的份额。包括万达收购传奇影业，华谊兄弟与 STX，阿里巴巴影业与大导演斯皮尔伯格的制作公司合作，都是想通过这些公司的大片反输到内地市场，丰富自己的片单。

从长远来看，这种“出海”能够帮助公司学习更多电影制作和发行的经验，熟悉全球规则，为将来真正参与全球竞争做准备。

由于 YouTube 和 Netflix 在中国以外市场的强大影响力，国内视频网站或许比电影公司更难以参与全球竞争。争夺全球用户也并不是在线视频网站的目标。

不过通过“出海”加强与海外公司的交流与合作，仍然是视频网站最为重要的一项工作。从内容层面来说，韩剧和英美剧是视频网站吸引一些城市白领重要的内容，也是吸引大品牌客户投放的重要门类；从未来发展来看，视频网站都在不断增加自己的原创能力，而与韩国、欧美公司的合作则能够帮助团队更快地学习。

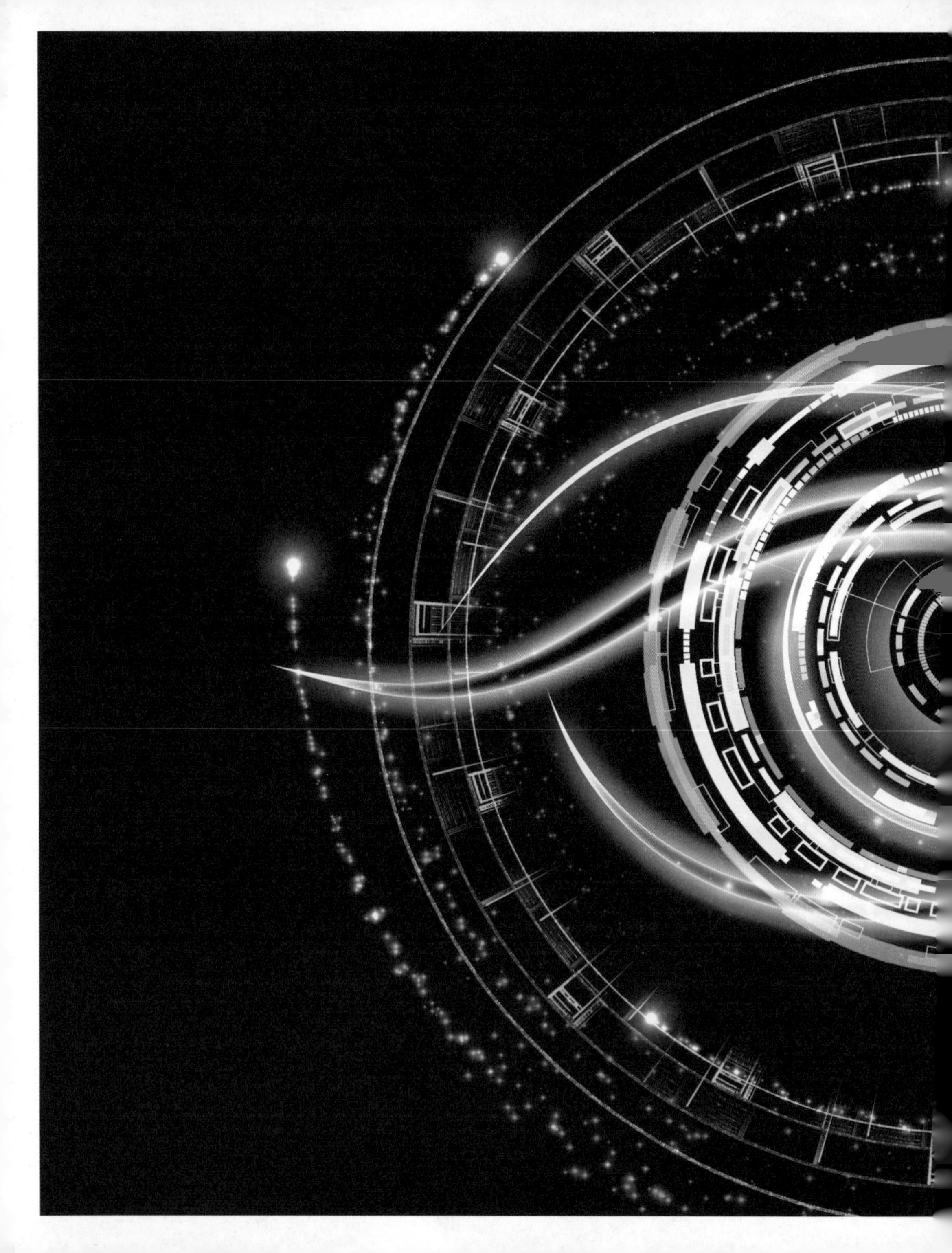

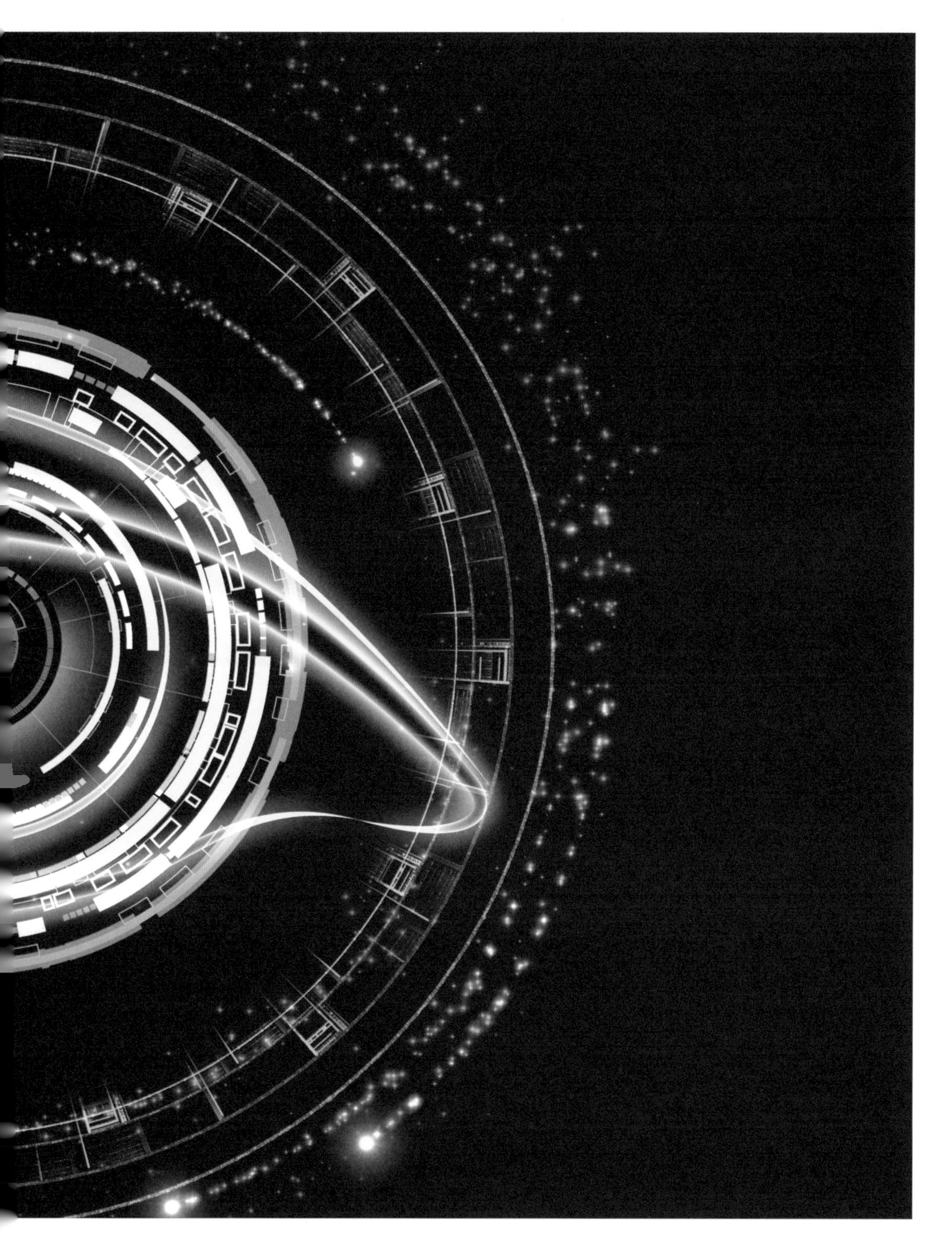

# 14 第十四章 虚拟现实（VR）产业趋势

本章分析师：**孙实**
本 章 顾 问：**汪丛青 李怀宇 覃政**

## 行业领袖洞察

**汪丛青** HTC Vive 中国区总裁

“2016 年是 VR 元年，特别是第 3 季度，全球三大 PC 的 VR 产品都出来了，产品更加完整了。高端产品进入市场，对整个市场会有很好的教育。现在用户起码可以从多个方面有一些比较好的 VR 体验，这对整个市场是非常正面的东西，开发者也有更多机会赚钱。”

**李怀宇** 微鲸科技 CEO

“之前，大家都在讨论 2016 年是不是 VR 元年，但现在就变成如何过冬的问题了。过冬有两层含义，一层是大环境下的资本寒冬，另外一层就是 VR 本身也在趋冷，所以现在的核心问题是：VR 能不能走出低谷？总体来看，2016 年是非常有标志性意义的一年，因为 VR 这个概念一下子广泛传播了，知名度和关注度获得了空前的提升。”

**覃政** 蚁视创始人、CEO

“2016 年毫无疑问是 VR 元年，因为各大厂商的消费级产品都正式开始量产，但是 2016 年肯定不是爆发之年。对 VR 来讲，不存在一个明显的爆发之年。就像智能手机，每一代 iPhone 和 Android 手机都有比较大的出货量，这是一个逐步起量的过程。”

## VR 产业概述

当前移动 VR 行业的两大霸主是三星和谷歌。

三星未公布过 Gear VR 的具体销量，但 Facebook CEO 扎克伯格透露，三星的 Gear VR 已经有 100 万的月活跃度， Oculus 商店有超过 300 款 Gear VR 应用。

谷歌各个版本的 Cardboard 在全球的出货量已经超过 500 万台；用户在 Cardboard 的浏览模式下累计观看了将近 35 万小时的 YouTube 内容，Cardboard Camera 应用已经拍摄了 75 万张 VR 照片。

国产手机包括华为、乐视、小米、一加、联想均已发布 VR 产品，锤子、奇酷 360 等厂商也都成立团队在研发。

由于 PC VR 具有很高的门槛，所以选择进入 PC VR 领域的公司并不是很多。当前 PC VR 三巨头是 Oculus、HTC 和索尼。

Oculus Rift、HTC Vive 和索尼 PS VR 均在 2016 年上市，官方都没有公布过具体的销量，但从外界的推测来看，三家公司的产品销量均在数十万级别。

一体机 VR 需要更复杂的技术，Oculus、英特尔、高通也仅仅是推出了原型机。

京东、IDC 联合发布的 VR 报告显示，目前国内 VR 单季度销量超百万。单季度销量百万的数据看似不错，但实际上多以类 Cardboard 的廉价 VR 为主，这些 VR 产品价格低、体验差，仅仅算是 VR 的入门级产品。

高盛预测在普通状态下，VR/AR 市场到 2025 年将发展为 800 亿美元规模的市场，其中硬件 450 亿美元，软件 350 亿美元。在最理想状态下，VR/AR 市场规模有望达到 1 820 亿美元，其中硬件 1 100 亿美元，软件 720 亿美元。这种情况下，VR 可以从特殊设备发展成为一个可以被广泛接受的计算平台。

德银预计移动 VR 用户数将出现飞速增长，2016 年的移动 VR 用户数为 1 800 万，2020 年将达到 1.35 亿。具体参见图 14-1。

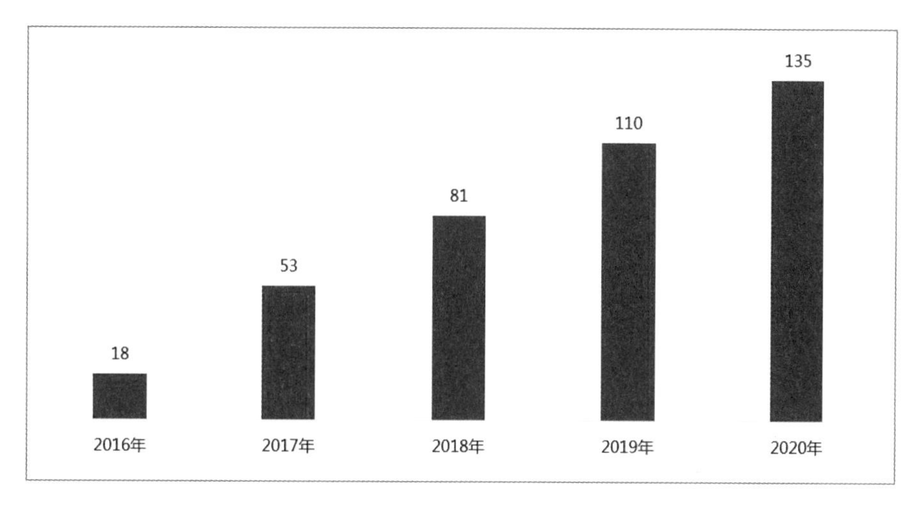


图 14-1　移动 VR 用户数预测（单位：百万）
数据来源：德银。

当前全球 VR 从业者主要分布在美国、英国、加拿大、德国、印度等以 IT 高科技为主导的创新型国家和地区。美国 VR 人才占全球总数的 40%，英国拥有全球 8% 的 VR 人才。在亚太地区，中国 VR 人才数量占全球 2%，位于印度之后。

美国的娱乐游戏和英国的设计等领域集中了大量 VR 人才；加拿大、日本的 VR 人才则在大学和研究机构分布较多，以学术研究和高等教育领域为主；中国的 VR 人才则聚焦在建筑与规划、互联网和电子产品领域。

VR 人才需求量分布见图 14-2。

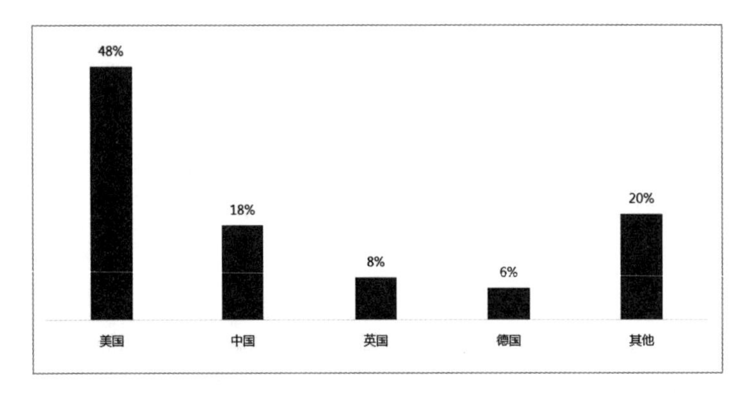


图 14-2　VR 人才需求量分布
数据来源：领英。

从当前在领英平台上发布的 VR 职位需求量来看，美国独占近半，中国则约占 18%，紧随其后。

## 用户变迁

### 海外用户对 VR 的认知度

自 Facebook 收购 Oculus 之后，VR 渐渐普及，尤其是 2016 年多款产品陆续上线，VR 更是在用户中形成较高的认知度。美国、日本、英国三国消费者调查显示，分别有 80%、69%、77% 的消费者知道什么是 VR。

### 中国与美国用户 VR 购买力调查

Greenlight VR 的调查显示，美国消费者最能接受的 VR 售价范围是 1 ~ 199 美元。具体参见图 14-3。在这个区间内，最多的产品形态是移动 VR，如三星 Gear VR 的售价是 99 美元，这证明最初级的移动 VR 得到了更多消费者的认可。

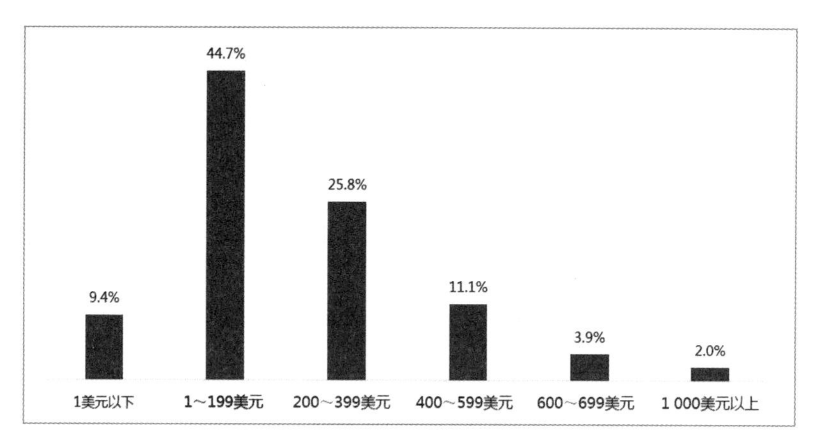


图 14-3　VR 购买力调查（美国）
数据来源：Greenlight VR。

中国用户和美国大致类似，但对价格更为敏感，90% 的人希望购买 200 元以下的 VR 产品，这和当前国产手机推出的移动 VR 产品价格相近。具体参见图 14-4。

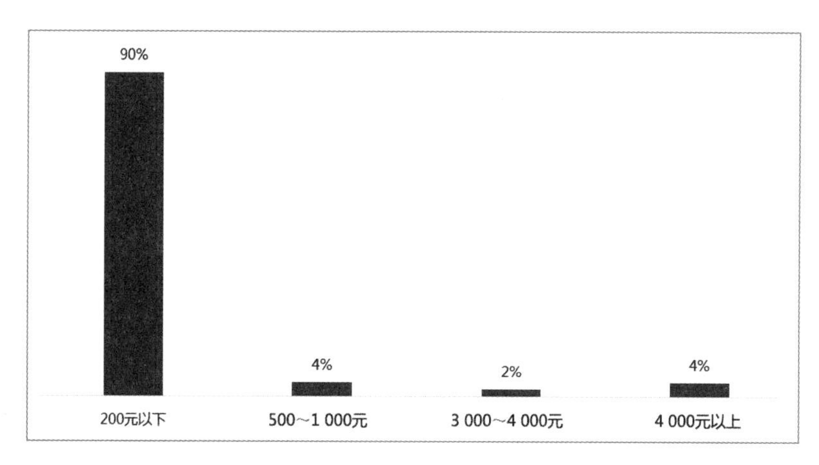


图 14-4　VR 购买力调查（中国）
数据来源：IDC& 京东。

Development Kit 2

## 品牌购买意愿

Greenlight VR 的调查显示，近 40% 的美国消费者希望购买三星 Gear VR，毕竟 Gear VR 在移动 VR 的体验里是最高水平，且价格仅为 99 美元；此外，凭借 PS4 的普及度以及重度游戏用户的支持，超 30% 的美国消费者希望购买索尼 PS VR。具体参见图 14-5。

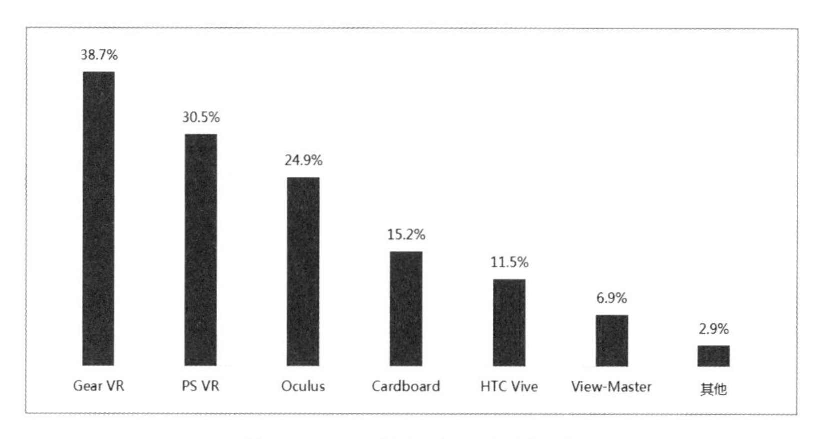


图 14-5　VR 品牌购买意愿调查（美国）
数据来源：Greenlight VR。

需要注意的是，价格较为便宜的 Cardboard 和 View-Master，仅有少数人希望购买，这说明除了价格外，消费者也开始重点考量 VR 产品的体验。

## VR 用户使用行为

企鹅智酷的调查显示，文娱类应用（看视频 + 玩游戏）是 VR 用户主要的行为（具体参见图 14-6），而这也是当下 VR 内容公司最重点发力的两个领域。

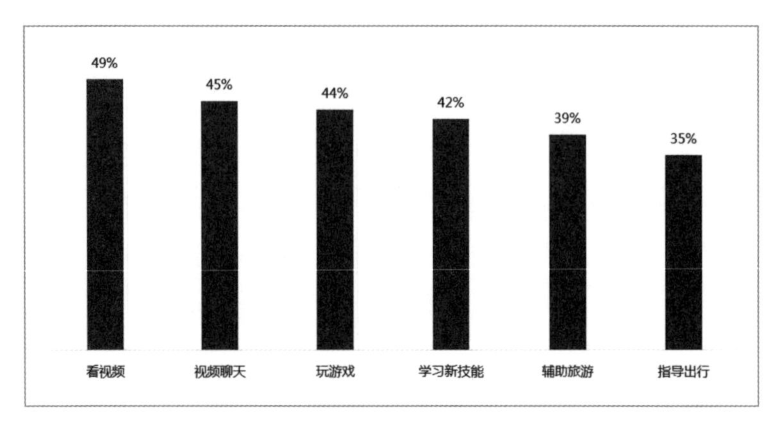


图 14-6 用户 VR 行为调查
数据来源：企鹅智酷。

Greenlight VR 的调查显示，美国消费者最感兴趣的五大 VR 应用案例分别为旅游、视频、直播、家居设计和教育。具体参见图 14-7。

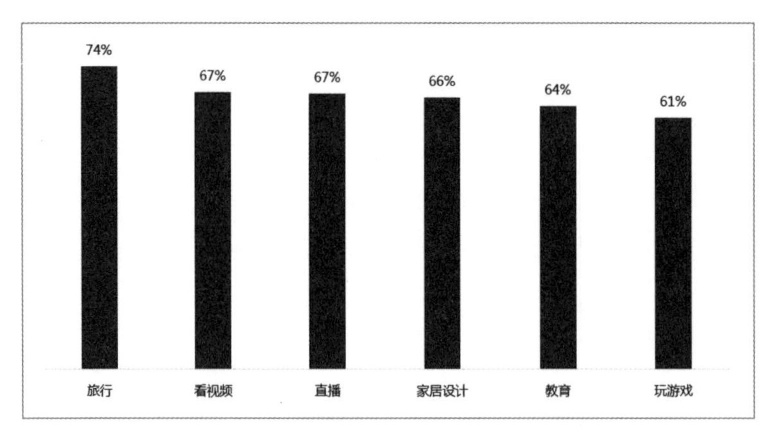


图 14-7 用户 VR 行为调查（美国）
数据来源：Greenlight VR。

无论是中国还是美国，有一个现象值得注意：游戏都不是最受关注的 VR 应用。这说明当前的 VR 消费者并不是以重度游戏用户为主。

## 未来趋势

### 移动 VR 成为中国市场焦点

移动 VR 依旧会是中国厂商竞争的焦点，尤其是 Daydream 平台的出现，国内手机厂商会推出更多支持 Daydream 的手机，而 VR 产品则有很大可能会达到 Gear VR 的体验标准。

### 游戏和视频是 VR 内容主力，垂直领域可能诞生新机会

游戏和视频依旧是内容服务公司主要从事的领域，也是更早会被用户接触到的，而在垂直应用中，房地产和教育会有很大作为。

### VR 投资从广撒网转向追精品

经过 2016 年的狂热，2017 年会渐渐趋冷，资本投入会更加谨慎，但优质的 VR 公司会被筛选出来，单笔的大投资会增多。

### 生态重心从硬件向内容转移

未来三四年内，硬件会有逐步的更新，但是它对用户的影响力不会比内容增长的影响力大，外界的注意力会更多集中在内容方面。

# 分水岭的挑战

## 技术挑战

VR 是一个新生的硬件行业，涉及多个科学领域，如光学、传感器、动作捕捉等，多数从业者没有深厚的 VR 技术积累，也没有太多成功产品可以参考，因此成熟的产品并不多。VR 硬件体验不完善主要聚焦以下几个方面：

（1）头盔过大过沉，佩戴不舒适，便携性不强。

（2）PC VR 有太多线缠绕，在玩运动类游戏时，受到的限制很大。

（3）移动 VR 对手机的依赖过高，受制于手机屏幕等因素，画面颗粒感太强，清晰度也受到很大影响。

（4）眩晕感是 VR 最受诟病的一个地方，即使是三星 Gear VR、Oculus、HTC Vive 这样的大公司产品，在佩戴较长时间后，也会让人产生眩晕。

（5）对网络时延要求高。用户观看 2K 视频平均需要 4Mbp 的带宽，4K 视频需要 18Mbp，而 VR 则需要 175Mbp。加上现有网络的速率通常会受到不同程度的损耗，所以需要更大的网络容量才能支撑 VR 高品质画面的传输。

（6）交互简单，尤其是移动 VR 产品，几乎没有什么交互方式，只能体验一些最基础的 VR 应用。

## 内容挑战

Upload 的调查结果显示，37% 的受访者认为，缺乏有吸引力的内容是 VR/AR 行业面临的最大挑战。具体参见图 14-8。

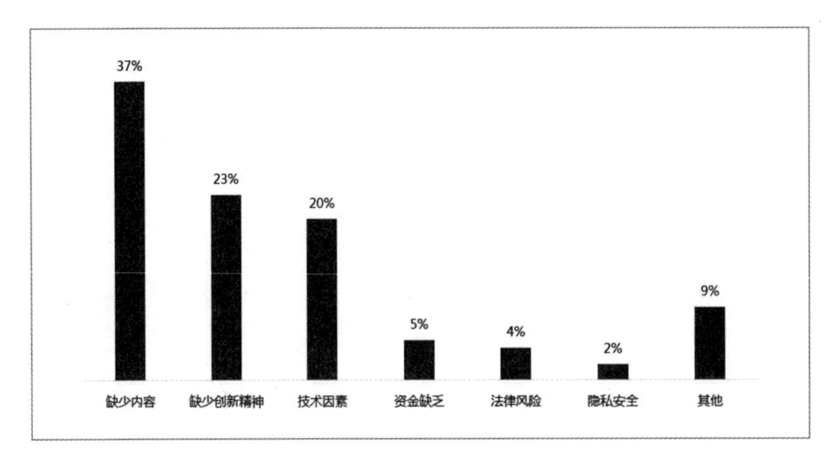


图 14-8 VR 行业最大挑战调查
数据来源：Upload。

内容的缺失，主要来自于以下几个方面：

（1）现在市场的 VR 内容开发工具缺乏统一标准，在适配上很难达到统一，开发效率也比较低，比如某款游戏只能适配 HTC Vive，却不能适配 Oculus Rift。

（2）基础设施建设，VR 内容比普通视频对网络带宽以及内存的要求都要高出很多。华为创始人任正非也表示，解决网络时延问题，是华为在 VR 时代的机遇。

（3）成本浩大，VR 游戏制作、VR 视频拍摄都颠覆了传统，拍摄设备、渲染工具的成本也动辄翻倍，这是小公司或者创业公司很难承受的。

## 新标准之争

VR 的分水岭很可能是来自于谷歌 Daydream。10 月 5 日，谷歌 Daydream 平台的首款 VR 设备 View 亮相。View 这款产品在外形、构造、兼容性、光学校准等多个方面，都为后续的移动 VR 产品做出了榜样。谷歌希望 Daydream 平台成为 VR 领域的

Android， Daydream 的出现，统一了移动 VR 的标准，优化了底层能力，吸引很多内容提供商入驻，让其他厂商具备了追赶 Gear VR 的能力。

Daydream 所倚仗的 Android 平台占据了当前近 90% 的智能手机市场份额。谷歌计划以 Pixel 为试点，让绝大部分的新设备都能兼容 Daydream，这意味着移动 VR 市场将得到极大的普及。

## 新技术 / 新模式崛起

### VR 技术的演进

未来的 VR 产品，应该具备以下技术特征：

（1）在体积上必须有超薄的设计，不再是头盔，而是类似眼镜的设计。它的核心技术是超薄光学，即如何利用超薄的光学技术，在很短的焦距之内完成大视角的呈现。

（2）由内向外的位置追踪和外界环境检测技术，它不需要在外界设置信息传输的介质，只需要由内向外的算法，就能够进行位置追踪。

（3）全新的交互方式，交互肯定不能依靠触摸板，也不能依靠双手控制棒，VR 真正普及需要更加轻度的交互方式。

（4）音效。头部相关移动功能将能够增强位置音效带来的现实感。

### VR 商业模式的演进

目前 VR 的主要应用聚焦在游戏、视频、教育、医疗、社交、地产、汽车、零售、旅游等几个方面。

推动消费电子设备快速发展的主要动力来自娱乐和通信，聚焦到 VR 来看，更可能率先从娱乐领域爆发，而游戏、视频、直播被视为未来一年中将获得最多投资的领域。具体参见图 14-9。

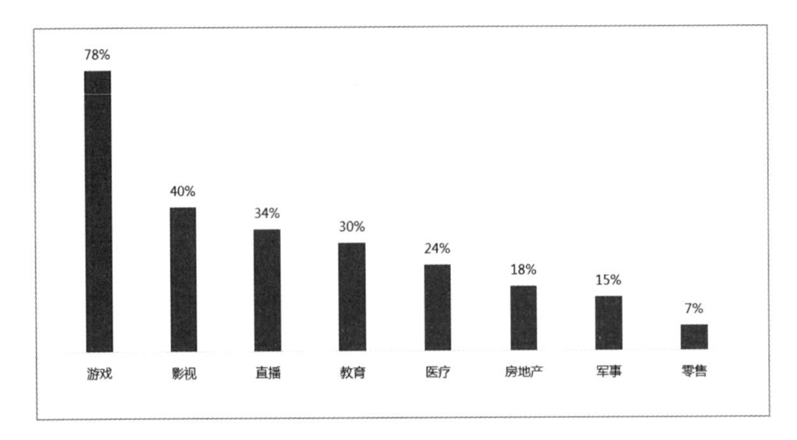


图 14-9 VR 行业投资意向调查
数据来源：Upload。

Upload 的调查结果显示，在受访的投资者人群中，选择游戏的比例较整体水平高出 16 个百分点，这意味着当前 VR 游戏是投资者社区最关注的领域。

当前的 VR 宣传主要集中在娱乐领域，游戏和视频是占用用户休闲时间最多的两个分类，因此 VR 游戏和 VR 视频是当前众多公司从事的领域，而这两个领域也将率先为用户所接受。

HTC 的开发者调查显示，大约 60% 的开发者在开发游戏，有 40% 是在开发非游戏的垂直应用。在垂直领域中，最大的分类是 VR 教育，其次是房地产、设计等。这说明开发者看到了 VR+ 教育的价值。多家大学的研究说明，利用 VR 学习，学习速度、记忆力和成绩都会更高。

# 全球竞争格局

## 中国公司的机会

从硬件方面看，主流的手机厂商均在移动 VR 领域有所布局，完善的产业链、强大的资金支持，是它们的优势，再加上国产手机的出货量，在 VR 领域，很有可能诞生华为、小米、OPPO 等类似地位的公司。对于创业公司来说，机会也很多，VR 刚刚起步，即使是大公司也缺少技术经验，再加上 Daydream 刚刚问世，统一了标准，谷歌也做出了示范产品，创业公司并非没有胜算。

但中国公司会很谨慎地进入 PC VR 和一体机 VR 领域，毕竟技术门槛太高，产品售价也过高，初期很难吸引到用户。

从内容服务方面看，传统的游戏和视频公司已经开始在 VR 领域进行试水，还有一些 B 端公司从事教育、医疗、房地产、汽车等更加垂直的应用，并和相应的企业合作，给用户带来全新的体验。

### ☆优势和劣势

优势一：人口优势，巨大的移动互联网用户群体，消费习惯已经养成，转移到 VR 领域比当初 PC 时代的起步、从 PC 迁移到移动端，会更加容易。

优势二：产业链优势，中国的硬件产业链比较完善，尤其是广东深圳一带，有多年积累的智能设备的硬件经验，以及对供应商的把控。

优势三：政府扶持，政府投入大量的资金和资源扶持，这是国外很罕见的事情，但在中国，多个地方政府均已公布 VR 扶持政策，工信部也发布 VR 白皮书。

劣势一：人才劣势，中国的教育理念，并非鼓励真正的颠覆式创新。

劣势二：创业氛围浮躁，VR 概念的兴起，导致一大批公司都在做 VR，但并没有拿出像样的产品。

劣势三：资金劣势，由于中国经济的宏观因素，资本进入寒冬期，导致不可能有太多的资金投入到这项前沿技术里。

**☆创业者建议**

VR 给中国的创业者创造出巨大的机会，手机和电脑上的各种应用相当于被重新发明。作为创业者来说，应该聚焦自己最适合做的事，如果你的背景、经历和资源都是在软件上，那你去做 VR 软件，如果你有硬件行业的经历，你就可以去从事 VR 硬件方面的事情。

**——汪丛青**

建议创业者暂时不要再做 VR 硬件了，如果它前期没有任何投入，想从 0 做到 1 是不可能的。软件部分，如果有些公司愿意去做一些 B 端行业的应用，比如 VR 教育、VR 培训、VR 金融、VR 社交，这些是可以尝试的。游戏，不建议创业者现在去做，因为收不回成本，除非创业公司有强大的投资，但现在投资市场比较保守。

**——覃政**

现在 VR 硬件的门槛比较低，尤其是 VR 和手机结合，这一点看是有机会的，但软件和内容的机会会更大一些。

**——李怀宇**

## 国外巨头入华挑战

（1）价格挑战：三星 Gear VR 的官方售价是 99 美元，但国行价格约 1 500 元，远高于国产手机厂商的移动 VR 价格。

（2）政策挑战：国外的 VR 产品大多有自己的应用商店，而国外的软件服务在华一直受到政策监管层面的掣肘。如 Oculus Rift 入华，其最大的挑战或许在于母公司 Facebook 在中国的敏感身份。

（3）渠道挑战：国产 VR 公司的渠道都较为成熟，如国产手机厂商的线上线下渠道，或者自己的专营店，而入华的国外巨头，此前和国内的渠道并未有太多交集，再加上 VR 是一种新形态产品，渠道商对此的态度也会非常谨慎。

（4）产品挑战：国外公司入华面临的最大问题就是产品体验，很多国际巨头入华失败的重要原因就是产品并不符合中国用户的使用习惯。从开发者的角度讲，国内的开发者更了解中国用户的使用习惯，在软件层面，国外巨头也不占优势。

# 15 第十五章 出行服务产业趋势

本章分析师：**相欣 冯辰 孙宏超**

本 章 顾 问：**程维 姚劲波 王慧文 张旭豪 周航**

## 行业领袖洞察

**程维** 滴滴出行 CEO

“核心一句话：我觉得上半场还没有结束，但是下半场确实已经开始了。前后半场不是像踢球一样，中间休息 15 分钟，没有的，它交错在一起。就像工业革命还没有结束，还有工业 4.0 呢，互联网时代就已经到来了，这就是这个世界有意思的地方。”

**姚劲波** 58 集团 CEO

“任何一个新的业务都可能经历被高估和被低估，在低点的时候有一些好的服务会真正崛起，成为用户喜欢的东西。未来 3 ~ 5 年，O2O 行业生意的本质并不会有根本变化。掌握融资、发展和资金节奏比较好的公司更容易存活，平台级的大公司也会出现。”

**王慧文** 美团点评餐饮平台总裁

“在企业方法论里有三段论：市场力驱动性、领导驱动性和创新驱动性，红利结束是市场驱动结束了。整个中国企业，整个中国互联网要切换到领导力驱动和创新驱动上，要走领导力驱动和创新驱动，靠红利这个风吹上天的猪都会掉下来。创业公司必须尽快把自己变出翅膀来，变成领导力驱动和创新驱动的企业，才有可能在下半场活下来。这不是盈不盈利的问题，这是生与死的问题。”

---

**张旭豪** 饿了么创始人、CEO

“O2O 行业可能会出现双寡头的竞争局面。虽然未来移动互联网在用户侧的红利开始消退，但是在供给侧还是有非常大的空间，在战略上要关注供给侧创新。”

---

**周航** 易到创始人、CEO

“网约车作为一种新的重要形态在未来 3 ~ 5 年肯定会有新的变化。与汽车生态更深入地结合、构建“一站式”出行服务平台以及和其他 O2O 细分领域，如餐饮外卖等场景结合，是用车出行行业可能的发展方向。”

## 产业概述

2016 年是 O2O 行业发展从粗放、白热化竞争到市场回归理性的一年。当疯狂的创业热潮退去，剩下的便是被验证且可行的 O2O 创业方向，例如用车出行、外卖等专注于本地生活服务的领域。其中，用车出行行业以滴滴出行、优步中国、神州专车、易到、首汽约车等平台为主，本地生活服务则以美团点评、饿了么、百度外卖以及 58 赶集等为主。

值得注意的是，中国移动互联网发生的几次重大合并事件，直接影响了 O2O 行业的整体发展。

（1）滴滴快的、美团点评、58 赶集，以及滴滴和优步中国合并，使得 O2O 行业进入了新赛段，并揭示了该行业的新规律，即当竞争态势愈发激烈时，互不相让的竞争对手不得不依靠更强大的资本阵容和补贴抢占市场空间。无论对于这些玩家背后的投资人还是创业者本身来说，合并才是早日结束血拼、实现盈利的更好选择。

（2）整合的同时，O2O 行业在 2016 年正式进入下半场。在智能手机市场几近饱和、移动互联网红利逐渐消退的背景下，技术模式创新、服务的精耕细作、挖掘用户深层价值成为 O2O 行业的关键词。

（3）全新的环境下机遇与挑战并存。以出行行业为例，伴随网约车新政的落地，行业竞争方向已经发生调整，过去依靠烧钱的野蛮式生长转向对服务质量的要求，要求企业在追求盈利、业务保证一定规模下发展得更可持续和更健康。

（4）外卖行业在经历了几轮大规模的烧钱争夺用户战之后，已经被美团外卖、饿了么、百度外卖等巨头分食，共占据超过 90% 的市场份额。如何通过精细化运作在竞争中脱颖而出是行业中各个企业未来发展的重中之重。

# 用户变迁

## 出行领域 O2O 整体渗透率较高，用户下沉趋势明显

在企鹅智酷对于中国智能手机用户的调研中，我们发现互联网出行在其中的整体渗透率已达到 70.9%。一线城市的渗透率已超过八成，二线城市在 77.4% 左右，三线以下城市均接近 60%。这已经是一个非常可观的数字。三线、四线及五线城市渗透率接近说明互联网出行呈现明显的用户下沉趋势。具体参见图 15-1。

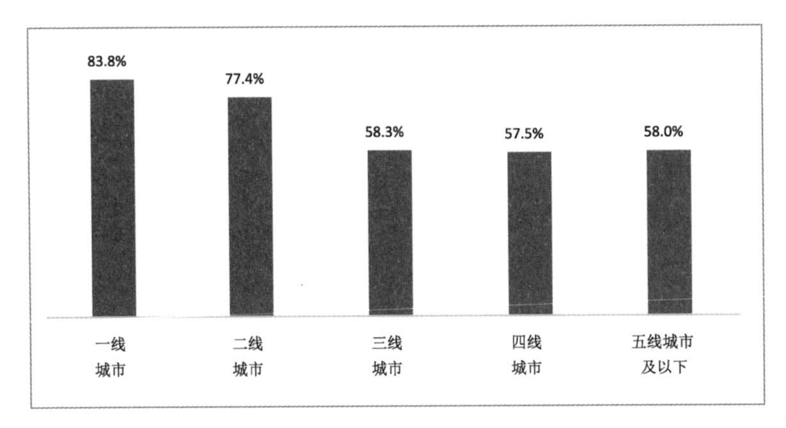


图 15-1 中国智能手机用户互联网用车出行渗透率

数据来源：企鹅智酷调查。

通过调查可以看出，在一二线城市，互联网用车出行应用已经成了“装机必备”。这个趋势在三线及以下城市仍有增长空间。

## 用户痛点：线上信用评价和线下服务仍欠完善

线上线下信息不一致是用户对于互联网本地服务的最大痛点，占 36.9%。其次是信用评价体系不够完善（31.6%）。用户对于互联网本地生活服务的渗透率的满意度低

于互联网出行服务。另外，售后服务、即时性和支付不够便捷也是痛点。具体参见图15-2。

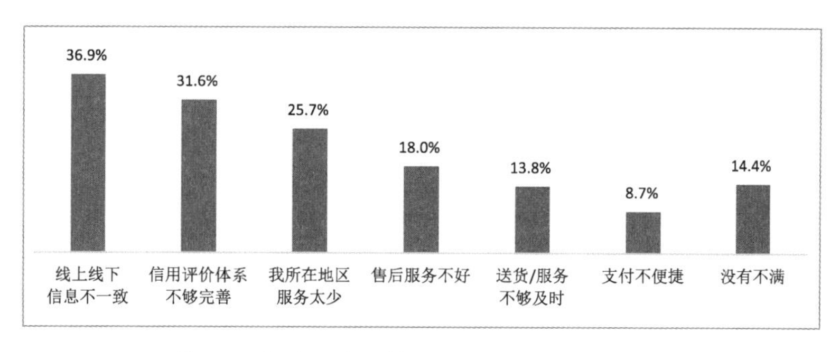


图 15-2　你对于互联网本地服务类应用有哪些不满或担忧
数据来源：企鹅智酷调查。

O2O 服务的线上和线下用户体验还有较大的提升空间。线上信息的及时更新和信用评价体系打磨的闭环落在线下服务，服务的即时性和售后反馈与保障仍需标准化。

## 用户看重隐私与人身安全，价格上涨是隐忧

用户对于互联网出行服务的整体满意度比本地生活服务要低将近 10 个百分点。对于互联网出行服务的用户痛点，“个人信息泄漏”居首，占 40.5%。出行数据与人身安全密切相关，特别是若涉及具体住址、工作地点等用户高频通勤的位置信息，泄漏会造成较大的风险。其次是出行价格上涨，有 33.6% 的用户表示担忧。在滴滴和优步中国合并后，出行行业格局和资本热度趋于稳定，补贴力度降低，导致用户担心网约车价格越来越高。具体参见图 15-3。

担忧乘车人身安全者占 24.7%，其中 21 ~ 25 岁年轻女性最为关注，这一群体对于隐私的关注也明显高于男性和其他年龄群体。其他的不满则表现在对于产品更进一步的人性化的需求上，如满足更细分的出行场景（如帮助他人叫车）和更细分的人群（如

老年人 / 残障人士等弱势群体）以及在低线城市的进一步渗透。

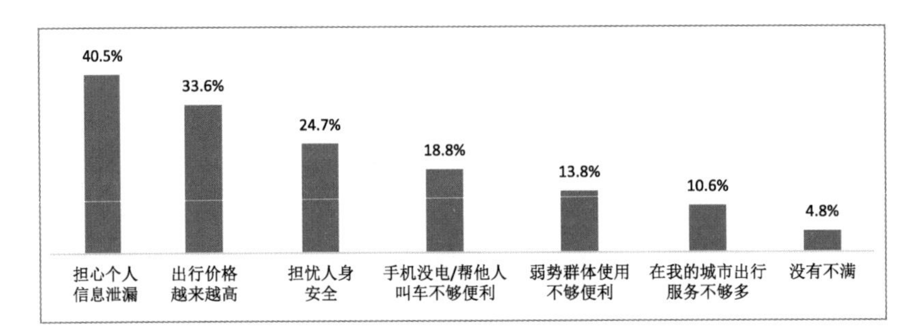


图 15-3 你对互联网用车出行服务有哪些不满或担忧
数据来源：企鹅智酷调查。

具体到产品，现有的用车应用也正在安全性和个性化上做改进，如行程分享功能、专门帮他人叫车的选项，以及在叫车时提交用车喜好（如是否听音乐、是否关空调等）。

## 移动互联网用车用户月平均线上消费趋于增长

互联网用车用户月平均线上消费情况见图 15-4。

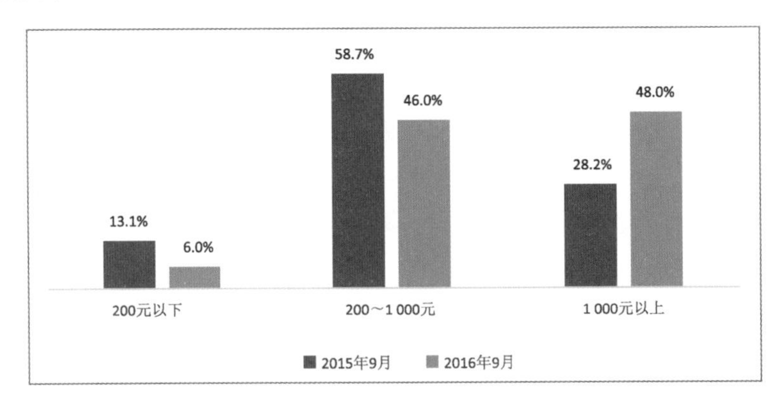


图 15-4 互联网用车用户月平均线上消费情况
数据来源：QuestMobile。

根据 QuestMobile 描绘的互联网用车服务用户画像（图 15-4）可以看出，用户在 2016 年 9 月的月平均线上消费金额超过 1 000 元的比例同比增长近 20%。随着线上服务多样化和在线支付的普及，2017 年预计消费者会在线上完成更多 O2O 消费。

## 未来趋势

### 补贴时代结束，市场进一步规范，市场规模或缩窄

未来一年，出行行业补贴将大幅减少，回归理性。从滴滴快的、滴滴优步中国的两次合并来看，O2O 行业发生合并主要原因在于大规模的烧钱式竞争不可持续。整合后可减少内耗，通过一加一的方式扩大市场份额，如滴滴与优步中国合并后，市场占比达到行业 90% 以上。

随着网约车新政落地，户籍和车牌限制使供给侧减少，整个市场规模缩窄。通过资本力量抢占市场的情况将很难再出现，补贴进一步减少，市场将回归理性状态。各家的竞争焦点将从原来对市场的争抢转变为高品质服务和差异化运营的竞争。

### 外卖市场仍有大片空地

外卖市场未饱和，暂未达到整合阶段。以外卖为主的上门服务渗透率远没有达到饱和。包括生鲜、水果、超市等细分品类的 O2O 仍然处于发展初期，行业整体未来仍然存在很大的发展空间。如果发生整合，很可能是出于企业自身战略的考量，而非行业共性。

### 公司竞争力从粗犷走向精细化

地推已不再是核心竞争力，技术创新与大数据将是支撑商业模式长期发展的主要力量。

### 出行 O2O 与汽车产业进一步整合

未来 3 ~ 5 年，用车出行行业将会和汽车行业进一步相互渗透和整合，参与整个汽车生态的建设。如网约车平台与整车厂、地图的合作或融合，以及更多涉足无人驾驶技术。另外，汽车厂家对出行平台也会有更深层介入，例如出行平台绑定某些主力车型，与汽车厂家形成深度捆绑关系。

### 交通管制为出行 O2O 跨行业发展带来不确定性

对于现有的出行服务本身，如果想要搭建从短途（如共享单车）到超远途（如长途汽车、高铁、航空）的职能性出行服务平台，仍需要面临这些行业涉及的管制问题，仍存在许多阻力和不确定性。

### 出行的连接特性有希望发掘出 O2O 服务新的价值

O2O 衍生出新的服务形态，例如出行行业有可能演变为与外卖等其他按需服务平台结合的一部分，通过出行平台的运送网络在供给侧为司机推送距离更远、半径更长的订单，为消费者提供更多用餐选择。

## 分水岭的挑战

### 流量获取难度增加，行业从跑马圈地过渡到精细运营

出行和本地生活服务（以外卖等为代表）的移动互联网红利已经明显衰退，主要表现是流量获取难度不断加大。大部分公司已经从跑马圈地式的野蛮增长过渡到精细化深耕运作。各领域的市场格局趋于稳定，已有巨头基本上都是红利期的受益者。接下来哪个公司能够活得更好取决于如何为用户提供更好的体验，而实现更好的用户体验对于技术和数据的依赖性更强。

## 原生性创新难以发掘，技术创新效果更显著

红利消退使得创业者难以寻找移动互联网领域的原生性创新，技术上的创新效果相对更显著，特别是在格局已经基本稳定的出行和外卖等中高频生活服务场景上。这些场景对于消费者来说更加“刚需”，也是移动互联网更容易渗透和改善效率的方面。O2O 的创业机会仍然存在，但是从中高频生活服务切入更难，而从医疗和教育等互联网相对渗透率低、原有效率亟须提高的领域切入的竞争相对小。

对于 O2O 成熟公司而言，红利消退蕴含着机遇与挑战。机遇在于成熟公司更容易借助在大城市已形成的品牌口碑和运营经验，进一步在地域上渗透到低线城市和相对欠发达的地区，深耕产品的用户体验和在服务多样性上满足更多长尾的需求。挑战则在于对于新技术运用的情况可能会在竞争对手间产生决定性的差距，而这可能意味着整个公司核心能力体系的重新构建。公司本身也需要接受数据驱动的智能商业对其组织架构、商业模式等方面的冲击和改变。

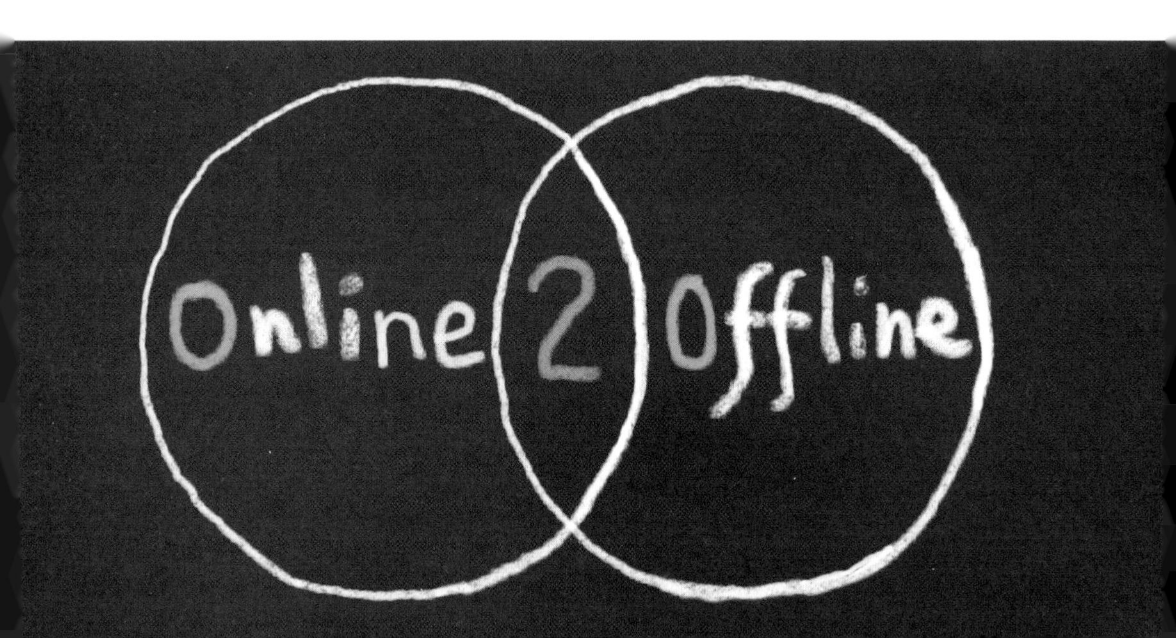

### 深度联通整合产业链上游的挑战

一部分挑战来源于产业。O2O 在深入渗透的同时可能会存在对产业链进行更深度的连通与整合的需求，而产业链上存在互联网化程度和运作效率相对较低的成分，可能造成与现有业务融合成本较大的情况，一个带动传统企业互联网化、数据化的过程。以互联网用车出行为例，进一步与线下汽车生产厂和维修服务点等打通，提供更多样和“一站式”的服务，不止专注于用车，还覆盖到修车、保养车、买卖车等一系列与车有关的细分场景。

### 政策监管挑战

另外一方面的挑战可能来自于伦理和法律，是科技发展的必然影响。随着人工智能技术的进步，人工智能代替人承担更多工作，而人机分界、事故问责更加模糊。当公司和用户积极拥抱创新和变化时，监管者侧重点在于控制风险，将损害最小化，他们的保守态度将会影响出行服务新的尝试和发展。

## 新技术 / 新模式崛起

### 人工智能和大数据：提供个性化服务 + 优化组织结构与管理效率

O2O 的下半场更需要不断创新，形成长期的核心竞争力。技术扮演的角色日益重要，特别是基于人工智能和大数据的应用，依然有很多机会等待挖掘。

目前已经有相当一部分公司在业务流程上实现了一定程度的自动化，接下来是产品和服务运营的进一步数据化和智能化。根据用户使用习惯并结合多个维度特征更准确地预知用户需求，从标准化服务升级为个性化按需服务是大势所趋。

借助大数据和人工智能更好地实现精准推荐和按需服务的公司会获得更多和更忠实的用户。具体可能表现为多个平台的数据打通、更精确的用户画像和商户画像、来自个性化推荐的流量占比提高，等等。

O2O 初期由于需要大量线下地推人员，公司偏“劳动密集型”。在 O2O 渗透程度达到一定水平，有稳定用户流之后，人工智能和大数据的运用会在更多方面改善公司管理，促进人员的精简和人才高端化。

## 更多的分享模式：盘活供给侧，优化资源利用率

这里探讨的分享模式更侧重于产品或服务的以租代售式有偿分享。主要包括有效调动闲置资源的 C2C 式分享和统一提供资源或整合多个 B 端资源的 B2C 式分享，前者在近几年涌现，而后者可看成传统租赁业务的互联网化。

分享经济模式为 O2O 带来更丰富的解决方案。经济发展让人们拥有大量富余物品，这构成分享经济的物质基础。互联网优化了资源配置，为人们的衣食住行提供了更丰富的选择，同时在多方面淡化了物品的所有权意识。

人们开始愿意尝试更多的分享（有偿和无偿），趋于部分物品的使用权导向。企鹅智酷之前针对智能手机用户的调研发现，随着网约车的普及，无车族的买车意愿已经降低。美国的相关调研也发现拼车等出行服务的使用率与买车意愿呈明显负相关。顺风车、拼车、租赁式单车等出行方式高效而环保。餐饮上的私厨分享兴起。生活物品等二手物品则是有待开发的巨大市场。

在用车出行市场回归理性和稳定后，短途出行在 2016 年骤然升温。这个现象也是互联网出行渗透程度深入的表现：开始覆盖“最后三公里”的居民高频出行场景。便携式智能硬件也成为一种代步选择，如平衡车等小型充电代步工具。而自行车是一种性价

比相对较高的出行方式。短途自行车出行是资本在 2016 年竞相投资的明星项目。以 ofo 和摩拜单车、小鸣单车等为代表的无桩租赁式自行车逐渐流行。然而，无桩租赁单车受天气条件的制约较大，用户对于租赁式单车的使用黏性也需要进一步验证。

在微观层面，分享经济使得人尽其能和物尽其用，用更多的使用权代替所有权。在宏观层面，分享经济对于供给侧和需求侧均可产生积极影响，通过有效盘活闲置资源提高资源利用率，是可持续的商业模式。O2O+ 分享经济蕴含着商机。

## 全球竞争格局

### O2O 在中国的发展已超越国际同行，优势显著

未来十年，中国依然是引领互联网交通和引领分享经济的国家。因为欧美国家的交通基础设施更发达，城市密集程度没有中国高，这就要求中国必须要发展新的出行创新方式。

同样，外卖业务在中国的发展也将超越国际其他地区。美国最大的外卖网站 GrubHub 已经经营快 10 年了，日订单量约 10 余万单，市值 20 多亿美元（注：2015 年数据）。而目前美团外卖的日订单已经超过 700 万单（截至 2016 年 10 月），远超美国同行。

外卖 O2O 在中国的发展，与国外相比有以下几大优势：

第一，中国的外卖传统势力相对薄弱，需要借助网络平台。如 GrubHub 上线的时候，美国外卖行业本身已经发展了很多年，像达美乐等平台的外卖送餐服务已经非常成熟，不需要与外卖平台合作。

第二，人口红利做大了市场规模，带动了旺盛需求。对 O2O 行业而言，一个城市的人口密度越高、人数越多，意味着其市场空间越大。对比海外市场，美国人口调查局 2015 年 7 月统计的纽约人口为 855 万人，相当于中国部分二线城市的人口数量，而像北京、上海、杭州这样千万以上人口的城市来说，O2O 行业的市场空间和需求程度还有很大的提升潜在性。

第三，人力成本低。O2O 在中国的早期发展需要大量地推人员，以外卖为例，美团、饿了么、百度外卖都是依靠地推人员与线下餐厅达成合作。此外，线上与线下的衔接还需要大量送餐员，人力成本低为 O2O 行业的规模化提供了基础。

第四，O2O 行业有效弥补了中国市场零售体系的短板。包括餐饮等服务业在内的实体零售业正面临以下问题：内部人工、房租成本高企，外部消费者消费习惯不断变化，实体零售行业迫切需要线上导流。

第五，中国移动支付发展迅速，如微信、支付宝等支付手段已经在消费者中培养出使用习惯。

## 拓展海外市场仍有挑战，投资和技术引进先行

对于 O2O 行业的中国公司而言，虽然有出海参与全球市场竞争的机会，但短期来看，由于行业中大部分中国公司还没有足够成熟，因此还没有迎来进入海外市场的时机。

对外卖 O2O 服务而言，中国市场容量尚未饱和，企业没有太多动力拓展海外市场。

部分 O2O 企业通过开通海外服务参与全球市场竞争，滴滴出行是代表公司。它已经在美国、东南亚等地开拓了市场，不过需要面对 Uber 等强大对手。截至目前，Uber 已经在全球 67 个国家、360 多个城市开展服务。在放弃优步中国后，Uber 得以腾出更多精力用于中国以外市场的竞争，对希望出海的中国出行 O2O 企业来说，Uber 是个巨大挑战。

相比直接开展海外业务，投资是参与到全球市场竞争的另一种方式。它有助于企业提前了解海外市场，利用海外被投企业的技术优势。

## 编委会成员

## 编委会成员

## 编委会成员

采访与分析团队（名字按所负责报告章节顺序排列）：冯辰、杨鹏、郑可君、王潘、杜会堂、李儒超、孙实、卜祥、乔辉、王鑫、徐安娜、王钟婉、纪振宇、刘语珊、李紫薇、郭晓峰、相欣、韩依民、邹晓婷、孙宏超、俞斯译

数据调研团队：杨崇园、邹晓婷、杨鹏
编辑团队：王鑫、杜会堂、冯辰、杨鹏

数据合作伙伴：腾讯新闻大数据、京东大数据、腾讯视频大数据、应用宝数据中心、QuestMobile 大数据、腾讯开放平台大数据、IT 桔子

对于报告中引用的其他第三方公开数据源，我们均对数据进行了基本审核和标注，这里一并致谢。